内 容 简 介

本文介绍了石墨烯的结构、性能、制备方法和应用,阐述了石墨烯作为可饱和吸收体的特点以及石墨烯作为锁模器件在光纤激光器中的应用。基于改进的非线性薛定谔方程,在理想饱和吸收体的模型下数值模拟了锁模脉冲的产生,并分析了石墨烯的调制深度对脉冲输出特性的影响。

图书在版编目(CIP)数据

基于石墨烯可饱和吸收体的锁模光纤激光器/付博著.—北京:清华大学出版社,2018
(2019.7重印)
(清华大学优秀博士学位论文丛书)
ISBN 978-7-302-51508-1

Ⅰ.①基…　Ⅱ.①付…　Ⅲ.①锁模激光器-研究　Ⅳ.①TN248.3

中国版本图书馆 CIP 数据核字(2018)第 255149 号

责任编辑:陈朝晖
封面设计:傅瑞学
责任校对:王淑云
责任印制:沈　露

出版发行:清华大学出版社
　　　　网　　　址:http://www.tup.com.cn,　http://www.wqbook.com
　　　　地　　　址:北京清华大学学研大厦 A 座　　邮　　编:100084
　　　　社 总 机:010-62770175　　　　　　　　邮　　购:010-62786544
　　　　投稿与读者服务:010-62776969,c-service@tup.tsinghua.edu.cn
　　　　质量反馈:010-62772015,zhiliang@tup.tsinghua.edu.cn
印 装 者:三河市铭诚印务有限公司
经　　销:全国新华书店
开　　本:155mm×235mm　　印　张:8　　字　数:132 千字
版　　次:2018 年 12 月第 1 版　　印　次:2019 年 7 月第 2 次印刷
定　　价:69.00 元

产品编号:071348-01

清华大学优秀博士学位论文丛书

基于石墨烯可饱和吸收体的锁模光纤激光器

付博 著　Fu Bo

Mode-Locked Fiber Lasers Based on
Graphene Saturable Absorbers

清华大学出版社

北　京

一流博士生教育
体现一流大学人才培养的高度(代丛书序)[①]

人才培养是大学的根本任务。只有培养出一流人才的高校,才能够成为世界一流大学。本科教育是培养一流人才最重要的基础,是一流大学的底色,体现了学校的传统和特色。博士生教育是学历教育的最高层次,体现出一所大学人才培养的高度,代表着一个国家的人才培养水平。清华大学正在全面推进综合改革,深化教育教学改革,探索建立完善的博士生选拔培养机制,不断提升博士生培养质量。

学术精神的培养是博士生教育的根本

学术精神是大学精神的重要组成部分,是学者与学术群体在学术活动中坚守的价值准则。大学对学术精神的追求,反映了一所大学对学术的重视、对真理的热爱和对功利性目标的摒弃。博士生教育要培养有志于追求学术的人,其根本在于学术精神的培养。

无论古今中外,博士这一称号都是和学问、学术紧密联系在一起,和知识探索密切相关。我国的博士一词起源于2000多年前的战国时期,是一种学官名。博士任职者负责保管文献档案、编撰著述,须知识渊博并负有传授学问的职责。东汉学者应劭在《汉官仪》中写道:"博者,通博古今;士者,辩于然否。"后来,人们逐渐把精通某种职业的专门人才称为博士。博士作为一种学位,最早产生于12世纪,最初它是加入教师行会的一种资格证书。19世纪初,德国柏林大学成立,其哲学院取代了以往神学院在大学中的地位,在大学发展的历史上首次产生了由哲学院授予的哲学博士学位,并赋予了哲学博士深层次的教育内涵,即推崇学术自由、创造新知识。哲学博士的设立标志着现代博士生教育的开端,博士则被定义为独立从事学术研究、具备创造新知识能力的人,是学术精神的传承者和光大者。

---

① 本文首发于《光明日报》,2017年12月5日。

博士生学习期间是培养学术精神最重要的阶段。博士生需要接受严谨的学术训练,开展深入的学术研究,并通过发表学术论文、参与学术活动及博士论文答辩等环节,证明自身的学术能力。更重要的是,博士生要培养学术志趣,把对学术的热爱融入生命之中,把捍卫真理作为毕生的追求。博士生更要学会如何面对干扰和诱惑,远离功利,保持安静、从容的心态。学术精神特别是其中所蕴含的科学理性精神、学术奉献精神不仅对博士生未来的学术事业至关重要,对博士生一生的发展都大有裨益。

独创性和批判性思维是博士生最重要的素质

博士生需要具备很多素质,包括逻辑推理、言语表达、沟通协作等,但是最重要的素质是独创性和批判性思维。

学术重视传承,但更看重突破和创新。博士生作为学术事业的后备力量,要立志于追求独创性。独创意味着独立和创造,没有独立精神,往往很难产生创造性的成果。1929 年 6 月 3 日,在清华大学国学院导师王国维逝世二周年之际,国学院师生为纪念这位杰出的学者,募款修造"海宁王静安先生纪念碑",同为国学院导师的陈寅恪先生撰写了碑铭,其中写道:"先生之著述,或有时而不章;先生之学说,或有时而可商;惟此独立之精神,自由之思想,历千万祀,与天壤而同久,共三光而永光。"这是对于一位学者的极高评价。中国著名的史学家、文学家司马迁所讲的"究天人之际、通古今之变,成一家之言"也是强调要在古今贯通中形成自己独立的见解,并努力达到新的高度。博士生应该以"独立之精神、自由之思想"来要求自己,不断创造新的学术成果。

诺贝尔物理学奖获得者杨振宁先生曾在 20 世纪 80 年代初对到访纽约州立大学石溪分校的 90 多名中国学生、学者提出:"独创性是科学工作者最重要的素质。"杨先生主张做研究的人一定要有独创的精神、独到的见解和独立研究的能力。在科技如此发达的今天,学术上的独创性变得越来越难,也愈加珍贵和重要。博士生要树立敢为天下先的志向,在独创性上下功夫,勇于挑战最前沿的科学问题。

批判性思维是一种遵循逻辑规则、不断质疑和反省的思维方式,具有批判性思维的人勇于挑战自己、敢于挑战权威。批判性思维的缺乏往往被认为是中国学生特有的弱项,也是我们在博士生培养方面存在的一个普遍问题。2001 年,美国卡内基基金会开展了一项"卡内基博士生教育创新计划",针对博士生教育进行调研,并发布了研究报告。该报告指出:在美国和欧洲,培养学生保持批判而质疑的眼光看待自己、同行和导师的观点同样非常不容易,批判性思维的培养必须要成为博士生培养项目的组成部分。

对于博士生而言,批判性思维的养成要从如何面对权威开始。为了鼓励学生质疑学术权威、挑战现有学术范式,培养学生的挑战精神和创新能力,清华大学在 2013 年发起"巅峰对话",由学生自主邀请各学科领域具有国际影响力的学术大师与清华学生同台对话。该活动迄今已经举办了 21期,先后邀请 17 位诺贝尔奖、3 位图灵奖、1 位菲尔兹奖获得者参与对话。诺贝尔化学奖得主巴里•夏普莱斯(Barry Sharpless)在 2013 年 11 月来清华参加"巅峰对话"时,对于清华学生的质疑精神印象深刻。他在接受媒体采访时谈道:"清华的学生无所畏惧,请原谅我的措辞,但他们真的很有胆量。"这是我听到的对清华学生的最高评价,博士生就应该具备这样的勇气和能力。培养批判性思维更难的一层是要有勇气不断否定自己,有一种不断超越自己的精神。爱因斯坦说:"在真理的认识方面,任何以权威自居的人,必将在上帝的嬉笑中垮台。"这句名言应该成为每一位从事学术研究的博士生的箴言。

提高博士生培养质量有赖于构建全方位的博士生教育体系

一流的博士生教育要有一流的教育理念,需要构建全方位的教育体系,把教育理念落实到博士生培养的各个环节中。

在博士生选拔方面,不能简单按考分录取,而是要侧重评价学术志趣和创新潜力。知识结构固然重要,但学术志趣和创新潜力更关键,考分不能完全反映学生的学术潜质。清华大学在经过多年试点探索的基础上,于 2016年开始全面实行博士生招生"申请-审核"制,从原来的按照考试分数招收博士生转变为按科研创新能力、专业学术潜质招收,并给予院系、学科、导师更大的自主权。《清华大学"申请-审核"制实施办法》明晰了导师和院系在考核、遴选和推荐上的权利和职责,同时确定了规范的流程及监管要求。

在博士生指导教师资格确认方面,不能论资排辈,要更看重教师的学术活力及研究工作的前沿性。博士生教育质量的提升关键在于教师,要让更多、更优秀的教师参与到博士生教育中来。清华大学从 2009 年开始探索将博士生导师评定权下放到各学位评定分委员会,允许评聘一部分优秀副教授担任博士生导师。近年来学校在推进教师人事制度改革过程中,明确教研系列助理教授可以独立指导博士生,让富有创造活力的青年教师指导优秀的青年学生,师生相互促进、共同成长。

　　在促进博士生交流方面,要努力突破学科领域的界限,注重搭建跨学科的平台。跨学科交流是激发博士生学术创造力的重要途径,博士生要努力提升在交叉学科领域开展科研工作的能力。清华大学于 2014 年创办了"微沙龙"平台,同学们可以通过微信平台随时发布学术话题、寻觅学术伙伴。3年来,博士生参与和发起"微沙龙"12000 多场,参与博士生达 38000 多人次。"微沙龙"促进了不同学科学生之间的思想碰撞,激发了同学们的学术志趣。清华于 2002 年创办了博士生论坛,论坛由同学自己组织,师生共同参与。博士生论坛持续举办了 500 期,开展了 18000 多场学术报告,切实起到了师生互动、教学相长、学科交融、促进交流的作用。学校积极资助博士生到世界一流大学开展交流与合作研究,超过 60% 的博士生有海外访学经历。清华于 2011 年设立了发展中国家博士生项目,鼓励学生到发展中国家亲身体验和调研,在全球化背景下研究发展中国家的各类问题。

　　在博士学位评定方面,权力要进一步下放,学术判断应该由各领域的学者来负责。院系二级学术单位应该在评定博士论文水平上拥有更多的权力,也应担负更多的责任。清华大学从 2015 年开始把学位论文的评审职责授权给各学位评定分委员会,学位论文质量和学位评审过程主要由各学位分委员会进行把关,校学位委员会负责学位管理整体工作,负责制度建设和争议事项处理。

　　全面提高人才培养能力是建设世界一流大学的核心。博士生培养质量的提升是大学办学质量提升的重要标志。我们要高度重视、充分发挥博士生教育的战略性、引领性作用,面向世界、勇于进取,树立自信、保持特色,不断推动一流大学的人才培养迈向新的高度。

清华大学校长
2017 年 12 月

丛书序二

以学术型人才培养为主的博士生教育,肩负着培养具有国际竞争力的高层次学术创新人才的重任,是国家发展战略的重要组成部分,是清华大学人才培养的重中之重。

作为首批设立研究生院的高校,清华大学自20世纪80年代初开始,立足国家和社会需要,结合校内实际情况,不断推动博士生教育改革。为了提供适宜博士生成长的学术环境,我校一方面不断地营造浓厚的学术氛围,一方面大力推动培养模式创新探索。我校已多年运行一系列博士生培养专项基金和特色项目,激励博士生潜心学术、锐意创新,提升博士生的国际视野,倡导跨学科研究与交流,不断提升博士生培养质量。

博士生是最具创造力的学术研究新生力量,思维活跃,求真求实。他们在导师的指导下进入本领域研究前沿,吸取本领域最新的研究成果,拓宽人类的认知边界,不断取得创新性成果。这套优秀博士学位论文丛书,不仅是我校博士生研究工作前沿成果的体现,也是我校博士生学术精神传承和光大的体现。

这套丛书的每一篇论文均来自学校新近每年评选的校级优秀博士学位论文。为了鼓励创新,激励优秀的博士生脱颖而出,同时激励导师悉心指导,我校评选校级优秀博士学位论文已有20多年。评选出的优秀博士学位论文代表了我校各学科最优秀的博士学位论文的水平。为了传播优秀的博士学位论文成果,更好地推动学术交流与学科建设,促进博士生未来发展和成长,清华大学研究生院与清华大学出版社合作出版这些优秀的博士学位论文。

感谢清华大学出版社,悉心地为每位作者提供专业、细致的写作和出版指导,使这些博士论文以专著方式呈现在读者面前,促进了这些最新的优秀研究成果的快速广泛传播。相信本套丛书的出版可以为国内外各相关领域或交叉领域的在读研究生和科研人员提供有益的参考,为相关学科领域的发展和优秀科研成果的转化起到积极的推动作用。

感谢丛书作者的导师们。这些优秀的博士学位论文，从选题、研究到成文，离不开导师的精心指导。我校优秀的师生导学传统，成就了一项项优秀的研究成果，成就了一大批青年学者，也成就了清华的学术研究。感谢导师们为每篇论文精心撰写序言，帮助读者更好地理解论文。

感谢丛书的作者们。他们优秀的学术成果，连同鲜活的思想、创新的精神、严谨的学风，都为致力于学术研究的后来者树立了榜样。他们本着精益求精的精神，对论文进行了细致的修改完善，使之在具备科学性、前沿性的同时，更具系统性和可读性。

这套丛书涵盖清华众多学科，从论文的选题能够感受到作者们积极参与国家重大战略、社会发展问题、新兴产业创新等的研究热情，能够感受到作者们的国际视野和人文情怀。相信这些年轻作者们勇于承担学术创新重任的社会责任感能够感染和带动越来越多的博士生们，将论文书写在祖国的大地上。

祝愿丛书的作者们、读者们和所有从事学术研究的同行们在未来的道路上坚持梦想，百折不挠！在服务国家、奉献社会和造福人类的事业中不断创新，做新时代的引领者。

相信每一位读者在阅读这一本本学术著作的时候，在吸取学术创新成果、享受学术之美的同时，能够将其中所蕴含的科学理性精神和学术奉献精神传播和发扬出去。

清华大学研究生院院长

2018 年 1 月

摘　要

可饱和吸收体是激光器的重要锁模器件。近年来，由于石墨烯作为饱和吸收体所具有的超宽的工作波段、超快的恢复时间、低线性吸收、高损伤阈值、可控的调制深度和较低的成本等特点而受到了人们的广泛关注。自从 2009 年石墨烯首次应用于光纤激光器以来，石墨烯作为锁模器件在光纤激光器中的应用越来越广泛。本文利用石墨烯作为锁模器件，实现了在不同波段光纤激光器中的锁模，本文的主要内容包括：

介绍了石墨烯的结构、性能、制备方法和应用，阐述了石墨烯作为可饱和吸收体的特点以及石墨烯作为锁模器件在光纤激光器中的应用。基于改进的非线性薛定谔方程，在理想饱和吸收体的模型下数值模拟了锁模脉冲的产生，并分析了石墨烯的调制深度对脉冲输出特性的影响。

用光诱导的方法把石墨烯转移至光纤端面，制备了石墨烯的锁模器件，对石墨烯的线性吸收、拉曼频移和调制深度等特性进行了表征。研究了石墨烯在掺铒光纤激光器中的锁模和谐波锁模，得到了重频频率为 502.84MHz 的 32 阶谐波锁模，并对比了石墨烯锁模器件在不同损耗时锁模和谐波锁模的性能。

把石墨烯薄膜的样品与光纤集成，应用在 $2\mu m$ 波段铥钬共掺光纤激光器中的锁模。研究了在较长腔时激光器的输出特性，实现了在铥钬共掺光纤激光器中的纳秒脉冲锁模，输出的单脉冲能量高达 38.6nJ，并总结了腔长和泵浦功率对激光器输出特性的影响。

利用同一个石墨烯锁模器件实现了在掺镱($1\mu m$)、掺铒($1.5\mu m$)和铥钬共掺($2\mu m$)三个波段光纤激光器中的锁模，波长跨度近 1000nm。

关键词：石墨烯；光纤激光器；锁模；可饱和吸收体

符号及缩写词表

BPF   带通滤波器(bandpass filter)

CVD   化学气相沉积(chemical vapor deposition)

EDF   掺铒光纤(erbium doped fiber)

EDFA   掺铒光纤放大器(erbium doped fiber amplifier)

FWHM   半高全宽(full width at half maximum)

GVD   群速度色散(group velocity dispersion)

GSA   石墨烯饱和吸收体(graphene saturable absorber)

LD   激光二极管(laser diode)

NALM   非线性放大环形镜(nonlinear amplifying loop mirror)

NPR   非线性偏振旋转(nonlinear polarization rotation)

OC   耦合器(output coupler)

PBS   偏振分束器(polarization beam splitter)

PI-ISO   偏振无关隔离器(polarization insensitive isolator)

PC   偏振控制器(polarization controller)

PD-ISO   偏振相关隔离器(polarization dependent isolator)

RF   射频(radio frequency)

SPM   自相位调制(self phase modulation)

SESAM   半导体饱和吸收镜(semiconductor saturable absorber mirror)

SWNTs   单壁碳纳米管(single walled carbon nanotubes)

SMF   单模光纤(single mode fiber)

SMS   超模抑制(super mode suppression)

SNR   信噪比(signal to noise ratio)

SEM   扫描电子显微镜(scanning electron microscope)

TDF   掺铥光纤(thulium doped fiber)

TDFA   掺铥光纤放大器(thulium doped fiber amplifier)

TBP   时间带宽积(time-bandwidth product)
TEM   透射电子显微镜(transmission electron microscope)
THDF   铥钬共掺光纤(thulium-，holmium-codoped fiber)
WDM   波分复用器(wavelength division multiplexer)
YDF   掺镱光纤(ytterbium doped fiber)

目　录

第1章 绪　　论

1.1　本文研究的背景和意义

1.1.1　超短光脉冲和激光器的锁模

超短光脉冲通常指的是脉冲宽度为皮秒（10^{-12} s 或 ps）或飞秒（10^{-15} s 或 fs）量级的光脉冲。超短光脉冲除了具有窄的脉冲宽度外，还具有高的峰值功率和较宽的光谱宽度等特点。基于其所具有的超快的时间分辨率，超短脉冲可应用在高速时间分辨和大容量光通信系统等领域[1]，并且在泵浦探测技术和时间分辨光谱技术领域得到了快速的发展。例如，A. H. Zewail 把超短脉冲应用在化学方面[2]，成功开辟了飞秒化学领域，并于 1999 年获得了诺贝尔化学奖。此外，由傅里叶变换可知，时域上较窄的脉冲宽度在频域上对应于较宽的光谱，周期性的脉冲在频域上对应等间距的梳齿，这使得超短脉冲可用于超精细光谱和光学频率梳等方面[3]，这方面的研究成果于 2005 年获得了诺贝尔物理学奖。超短脉冲的另一个特点是具有高的峰值功率，这使得超短脉冲在激光加工和生物医学等方面也具有广泛的应用[4,5]。

锁模激光器是获得超短脉冲的常见方法，激光器锁模后所得到的脉冲宽度可以小于 100fs。根据增益介质的类型，激光器可分为半导体激光器、固体激光器和光纤激光器等。而光纤激光器由于其结构简单紧凑、稳定性高、散热性好、无需冷却、不需要准直和输出光束的质量高等特点，受到了人们的广泛青睐。自从 1990 年 M. E. Fermann 等人首次在光纤激光器中成功获得飞秒脉冲的锁模输出以来[6]，锁模光纤激光器得到了快速的发展。

激光器的锁模指的是输出光谱纵模之间的相位是相互锁定的。当激光器实现锁模后，相邻光谱纵模的相位差异为一定值（如图 1.1(a)所示）。在时域上则对应为周期性的脉冲序列（如图 1.1(b)所示），输出脉冲序列的重复频率与光谱的纵模间隔相等。脉冲的宽度与光谱的宽度成反比关系，脉冲的周期等于重复频率的倒数。

实现锁模的方法一般分为两大类，即主动锁模和被动锁模。主动锁模

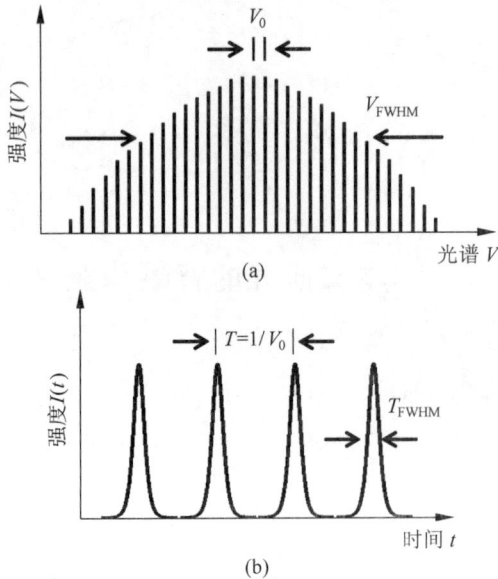

图 1.1　脉冲锁模时的(a)频域光谱和(b)时域脉冲序列

V_0 为相邻纵模的频率间隔，V_{FWHM} 为光谱宽度，t_{FWHM} 为脉冲的宽度，T 为脉冲的周期

一般指的是由外部向激光器提供调制信号，从而周期性地来改变激光器的增益或者损耗而达到锁模目的。而被动锁模是利用材料的可饱和吸收特性来实现激光器超短脉冲的产生。相比于被动锁模，主动锁模需要引入调制的器件，如声光调制器和电光调制器等。由于引入的器件为有源器件，所以需要外接电源或驱动，故结构一般比较复杂，并且成本偏高。此外，由于主动锁模的脉冲宽度反比于所用调制器件的调制频率，而调制器件的频率又不能无限提高，因此不利于产生很短的脉冲[7]。而被动锁模是基于无源器件的可饱和吸收效应来实现激光器的锁模脉冲输出，激光器的腔结构更加简单。相比于主动锁模，被动锁模更容易获得窄的脉冲输出。接下来，本文主要针对被动锁模的光纤激光器来讨论。

1.1.2　被动锁模的实现方法

1.1.2.1　基于可饱和吸收体的锁模光纤激光器

可饱和吸收体的特点是它的透过率随着入射光光功率的增强而增大（如图 1.2(a)所示），最终达到饱和。基于可饱和吸收体的锁模可追溯到

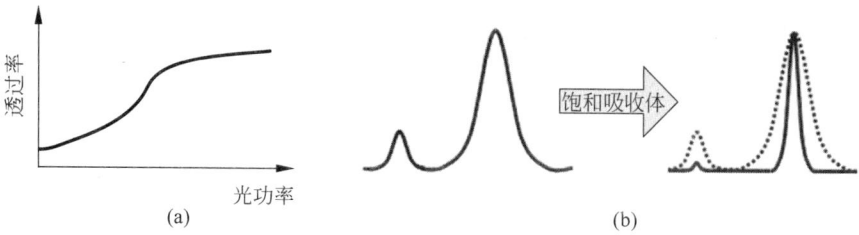

图 1.2　饱和吸收体的特点：(a)透过率随入射功率的增加而增大，
(b)对脉冲的压缩和整形以及对低强度噪声的抑制

20 世纪 70 年代。它的锁模机理可以理解为当光脉冲通过可饱和吸收体时，由于脉冲中心部分的强度较大，故其透过率较高，脉冲越靠近边沿的部分能量越小，所以其透过率较低。即当光脉冲通过可饱和吸收体时，边沿部分的损耗大于中央部分，使其通过可饱和吸收体后被窄化（如图 1.2(b)所示）。所以，可饱和吸收体还具有抑制噪声的作用。

　　被动锁模脉冲的形成过程比较复杂，只有当激光腔中的强脉冲多次被可饱和吸收体吸收并窄化后，才能形成超短脉冲。在此过程中，自相位调制 (SPM) 和群速度色散 (GVD) 对超短脉冲的形成也起了很大的作用。早期，适用于激光器锁模的可饱和吸收体是半导体可饱和吸收镜 (SESAM)[8]。进入 21 世纪，碳纳米管成为了一种新的锁模器件[9,10]。最近，石墨烯的发现为激光器的锁模开辟了新的篇章[11,12]。后续我们将会对不同类型可饱和吸收体的锁模激光器进行更进一步的说明。

1.1.2.2　基于非线性光纤环形镜的锁模光纤激光器

　　在早期基于 SESAM 锁模的光纤激光器中，SESAM 的引入往往会破坏激光器的全光纤结构，而非线性光纤环形镜的引入很好的解决了这个问题。根据用非线性光纤环形镜来实现锁模的激光器腔的形状特点，通常称其为"8"字型激光器（"8"字腔）。"8"字腔早在 20 世纪 90 年代就被应用于激光器的锁模，锁模机理为基于加成脉冲的干涉效应。

　　图 1.3 为"8"字型激光器的结构图，其工作原理为用 50∶50 的耦合器把入射光分成振幅相同但传播方向不同的两束光，具有放大作用的增益光纤放置在靠近耦合器的一端，使得一束光刚进入耦合器后即被放大，另一束光在即将离开环路时再被放大，这种结构即为非线性放大环形镜 (NALM)。由于非线性相移的不同，通过调节 PC，可以使脉冲中央部分的

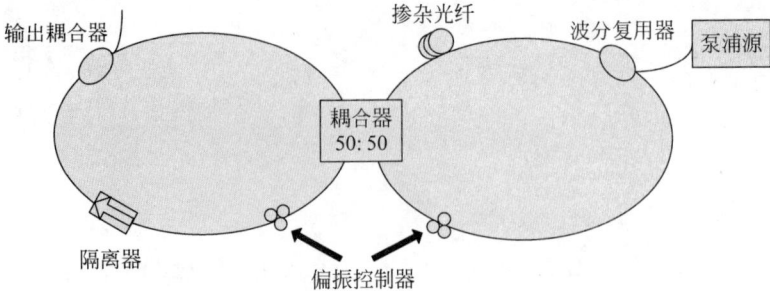

图 1.3　"8"字腔锁模光纤激光器示意图

光在 NALM 中被透过,脉冲边沿部分的光被反射,以此实现对光脉冲的整形和调制。

NALM 应用于光纤激光器的锁模始于 1991 年[13-16]。当时,I. N. Duling Ⅲ 获得了 314fs 的锁模脉冲输出[17]。M. Nakazawa 等人利用 $1.48\mu m$ 的半导体激光器泵浦[18],获得了 290fs 的锁模脉冲输出,锁模阈值仅为 50mW,并且在锁模后可以进一步降低至 10mW。一般来说,用"8"字型激光器很难直接获得小于 100fs 的光脉冲。但通过掺铒光纤放大器(EDFA)放大之后,再用色散位移光纤压缩,就可以获得更窄的脉冲[19]。

1.1.2.3　基于非线性偏振旋转的锁模光纤激光器

对于图 1.4(a)所示的环形腔而言,非线性偏振旋转(NPR)的锁模过程可理解如下[20]。对于在脉冲的峰值位置处,从左端准直器出来的椭圆偏振光经过 1/4 波片后变成线偏振光,产生的线偏振光经过 1/2 波片后旋转一定角度,通过调节 1/4 波片和 1/2 波片,来实现入射到偏振分束器(PBS)上光脉冲中心部位的强度尽可能的透过,由于光脉冲不同位置的偏振态不同,其两边低强度的部分被阻挡,与偏振无关的隔离器(PI-ISO)用于保证激光器的单向运行,从右边 1/4 波片出来的光为椭圆偏振光,再通过准直器耦合到激光腔中。这样使得光脉冲在激光腔内往返一次后的脉冲宽度略有窄化,这与在激光腔中使用饱和吸收体的情况类似。

对于图 1.4(a)中虚线的部分,还可以由图 1.4(b)中虚线的部分代替,两个偏振控制器(PC)和之间的偏振相关隔离器(PD-ISO)作为锁模器件,PD-ISO 用于隔离和起偏双重作用。在 1992 年,NPR 技术首次应用于锁模光纤激光器[21-26],并表现出良好的锁模特性。后来,人们认识到腔内过大的反常色散对激光器的锁模并无益处,通过在腔内使用正常色散(GVD)的掺铒光纤(EDF)后,激光器输出的能量和峰值功率都有了很大的提高。

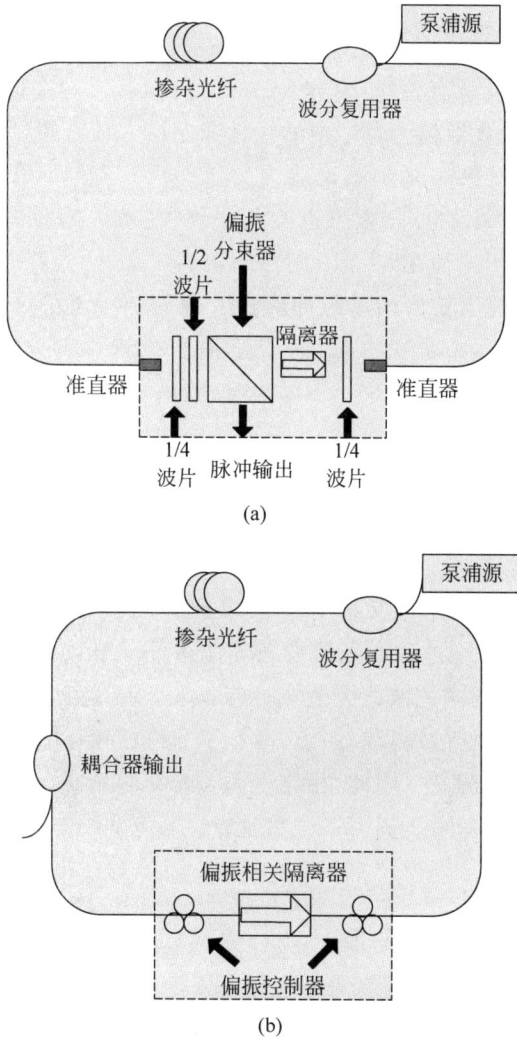

图 1.4　利用非线性偏振旋转效应来获得被动锁模光纤激光器的原理图
(a)非全光纤结构；(b)全光纤结构

1.2　锁模光纤激光器的分类

在被动锁模光纤激光器中,根据色散条件和输出脉冲类型的不同,可以把激光器分为以下几类。

1.2.1　孤子光纤激光器

孤子激光器最早产生于 20 世纪 90 年代初[13,14]。在孤子的光纤激光器中,其腔内的净色散值为负。由非线性薛定谔方程可知,在负色散的光纤中存在稳定的孤子解。对于激光器中的脉冲而言,腔内 SPM 所产生的正啁啾和 GVD 所产生的负啁啾可以互相平衡,使腔内的脉冲在传输的过程中以无啁啾孤子形式存在。

孤子光纤激光器输出的单脉冲能量一般为 0.1nJ 左右[4],多余部分的能量以色散波的形式表现出来,对应于输出光谱中的 Kelly 旁瓣(Kelly Sideband)[27]。当泵浦功率进一步增加时,腔内 GVD 所产生的负啁啾不足以补偿 SMP 所产生的正啁啾,由孤子面积定理的限制[28],腔内的脉冲会发生脉冲分裂,进而出现多脉冲锁模或者谐波锁模的现象[29-32]。

1.2.2　展宽脉冲光纤激光器

展宽脉冲光纤激光器又称为色散管理型光纤激光器,最早由 M. E. Fermann 提出[33]。在这种激光器中,腔内同时包含反常色散元件和正常色散的元件,使腔内的净色散值为近零或者微负。展宽激光器中的光脉冲在激光腔内经历周期性的展宽和压缩,减小了非线性相移的累积,从而提高了激光器输出的脉冲能量。因此,相比于孤子光纤激光器,展宽脉冲光纤激光器输出的单脉冲能量可以提高一个数量级。当泵浦功率增加时同样会发生多脉冲锁模或者谐波锁模现象。

1.2.3　自相似光纤激光器

自相似光纤激光器的脉冲形状是抛物线形的,脉冲中的线性啁啾可以利用光栅对或者光纤进行无畸变地压缩,进而得到近似变换极限的脉冲。1993 年,D. Anderson 等人首先在理论上提出了自相似脉冲[34]。研究指出,具有线性啁啾的脉冲在正常色散光纤中传输时,可以承受较高的功率而不发生脉冲分裂的现象[35],因此具有更大的脉冲能量。2000 年,M. E. Fermann 等人首次在实验上证实了自相似脉冲的存在[36]。

2004 年,Ilday 等人首次提出了自相似的锁模光纤激光器[37]。光脉冲在激光器中的正常色散光纤中传输时,脉冲在非线性效应和光纤 GVD 的共同作用下,不断积累正啁啾,脉冲逐渐展宽从而发生自相似演化,从而使得输出脉冲在较高的能量时仍然具有较低的峰值功率,然后利用色散延迟线来补偿脉冲啁啾,以保证脉冲的自洽运行。自相似光纤激光器输出的单脉冲能量可以比孤子和展宽脉冲光纤激光器高一到两个数量级。

1.2.4　全正色散光纤激光器

2006 年,康奈尔大学的 A.Chong 等人通过在激光腔内引入频谱滤波器,首次实现了全正色散的锁模光纤激光器[38]。激光腔中所有器件的色散均为正常色散,并无其他色散补偿器件。在理论上,正常色散的介质是不能产生孤子脉冲的,但在腔中引入了一个可以提供振幅调制的频谱滤波器,从而实现了耗散孤子的锁模脉冲输出。激光器输出的单脉冲能量为 3nJ,尽管输出的脉冲含有很大的啁啾,但压缩啁啾后所得的脉冲宽度为 170fs。通常,全正色散光纤激光器光谱的两边较陡,由激光器直接输出的脉冲一般在皮秒量级,但通过压缩,可近似得到无啁啾的超短脉冲。

相对于孤子光纤激光器,全正色散光纤激光器输出的脉冲能量有一定的提升。这是由于脉冲在全正色散的腔内具有很大的啁啾,脉冲宽度较宽,所以峰值功率相对不高,从而避免了脉冲的分裂以及多脉冲的产生。

1.3　饱和吸收体的类型及其在锁模光纤激光器中的应用

1.3.1　半导体饱和吸收镜

相比于等效可饱和吸收体而言,在光纤激光器中,实际用到的可饱和吸收体更加简单和方便。实际中常用的饱和吸收体是半导体饱和吸收镜(SESAM)。SESAM 一般是基于半导体材料的多量子阱器件(如 GaAs、InGaAs 等[8]),也是在商用的被动锁模光纤激光器中较多使用的锁模器件。SESAM 早期被应用于 CO_2 激光器和半导体激光器的锁模,后来也被人们用于固体激光器的锁模[39],20 世纪 90 年代起,SESAM 开始被运用在光纤激光器的被动锁模[40,41]。

目前,SESAM 在锁模激光器中得到了广泛的应用,基于 SESAM 的光纤激光器可以实现不同波段的锁模[42-44]。

1.3.2　单壁碳纳米管

尽管 SESAM 在锁模光纤激光器得到了广泛的应用,但它仍然存在一些不易克服的缺点,例如制作工艺复杂,价格昂贵,光损伤阈值较低,工作带宽窄等。所以,人们试图制备出更简单、更低成本、更宽的工作带宽、性能更优异的可饱和吸收体。在此背景下,单壁碳纳米管(SWNTs)很快进入了人们的视野。SWNTs为一维的碳材料,它的管径一般在几纳米到几十纳米之间,长度最高可达数微米。

　　SWNTs应用于光纤激光器的锁模最早始于2003年[9],分为透射式和反射式两种结构[9,10]。图1.5(a)为基于透射式结构锁模的光纤激光器,激光腔采用环形腔结构。980nm的激光二极管(LD)作为泵浦光通过980/1550nm的波分复用器(WDM)耦合到激光谐振腔中,增益光纤为6m长的掺铒光纤(EDF),两个隔离器(Isolator)用于确保激光器的单向运行,SWNTs被涂覆在石英的基片上放置于两个准直器(Collimator)和透镜(Lens)之间,带通滤波器(Bandpass Filter)用来调节激光器的波长,12m长的单模光纤(SMF)用于优化腔的色散,耦合器(Coupler)95%的能量输出腔外,用于参数测量。激光器输出光谱的半高全宽(FWHM)为3.7nm,输出孤子脉冲的宽度为1.1ps。

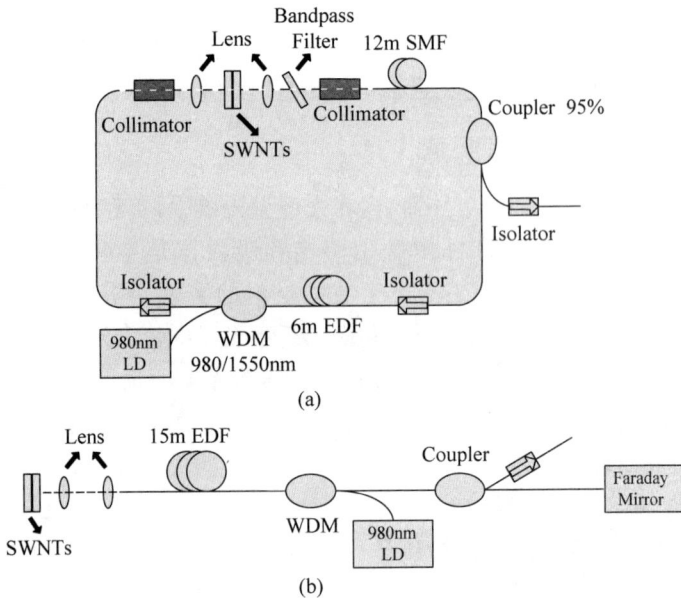

(a)

(b)

图1.5　碳纳米管锁模光纤激光器:(a)透射式,(b)反射式(根据文献[9,10]绘制)

图 1.5(b)所示为反射式结构的激光器,腔的结构采用线性腔。此时 EDF 的长度改为 15m,SWNTs 左右两端的基片分别作了增透和高反处理,另一端的法拉第镜(Faraday Mirror)作为反射镜把光反射回激光腔内,腔中 20% 的能量通过 Coupler 输出腔外,用于参数测量。激光器输出光谱的 FWHM 为 13.6nm,输出的脉冲宽度为 318fs 的高斯脉冲。

由于这两种激光器中都有空间元件的部分,因此需要准直和空间光耦合等,给激光器连续稳定的运转带来了不便。为了实现全光纤的结构,人们对如何实现 SWNTs 与光纤集成进行了很多改进。如将 SWNTs 与聚合物结合,制成薄膜后再粘附于光纤端面[45,46],通过光诱导的方法,将 SWNTs 直接沉积于光纤端面[47,48],利用倏逝场原理,把 SWNTs 转移到 D 型[49,50]或锥形光纤上等[51-55]。

自从 S. Y. Set 等人首次将 SWNTs 用于光纤激光器的锁模以来,SWNTs 在光纤激光器锁模中的优异特性已经被人们广泛证实。目前,SWNTs 已经在固体激光器[56,57]、光纤激光器[58-60]和波导激光器[61,62]等多种类型的激光器中得到了广泛的应用。

1.3.3 石墨烯

石墨烯在锁模光纤激光器中的应用始于 2009 年。当时,英国剑桥大学的 T. Hasan 和 Z. Sun[11],新加坡国立大学的 Q. Bao 和南洋理工大学的 H. Zhang[12]等学者几乎在同一时间报导了基于石墨烯可饱和吸收体的锁模光纤激光器,激光器均为全光纤的结构。

在 T. Hasan 和 Z. Sun 所报导的文章中(如图 1.6(a)所示),泵浦光采用 980nm 的 LD,通过 WDM 耦合到激光腔中,增益光纤为高掺杂的 EDF,两个隔离器用来保持激光器的单向运行,耦合器的一部分作为输出,用于激光器的参数测量,另一部分耦合回腔内,以保证激光腔中有足够的增益,PC 用来优化激光腔中的偏振状态。此时的锁模器件采用自制的高分子聚合物的石墨烯样品,激光器输出光谱的中心波长在 1557nm 处,FWHM 为 3.2nm,得到了脉冲宽度为 800fs 的近变换极限的锁模脉冲输出。

在 Q. Bao 和 H. Zhang 所报导的文章中(如图 1.6(b)所示),他们利用原子层的石墨烯作为锁模器件,获得了 756fs 的锁模脉冲输出,信噪比为 65dB。激光器的结构与文献[11]的报道略有不同,泵浦源采用 1480nm 的激光器,并且腔中加了 100m 长的单模光纤。锁模后的重复频率为 1.79MHz,光谱的中心波长在 1565nm 处,FWHM 为 5nm。

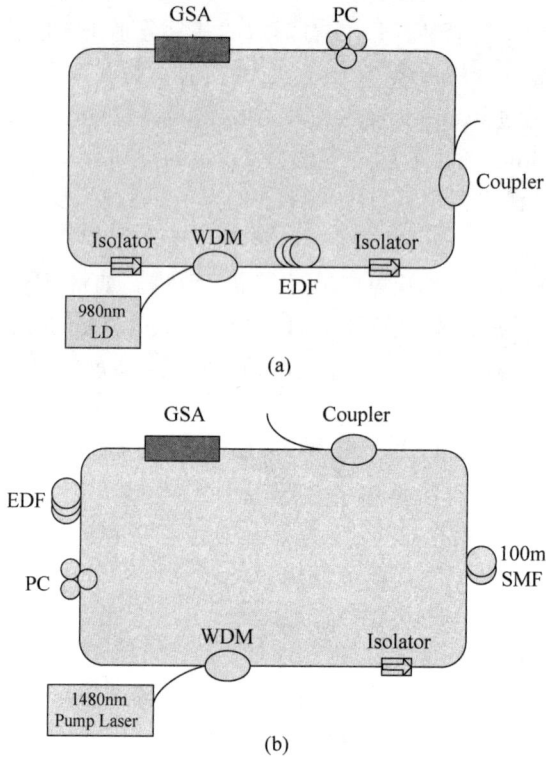

图 1.6   石墨烯锁模光纤激光器示意图：(a)根据文献[11]绘制,
(b)根据文献[12]绘制,GSA 为石墨烯可饱和吸收体

接下来,国内外的其他课题组也纷纷加入到石墨烯锁模激光器的研究之中,这部分内容将在本文的下一节中进行详细说明。

1.3.4   其他种类的可饱和吸收体

除了上述提到的可饱和吸收体外,一些其他具有良好可饱和吸收特性的吸收体也可用于激光器的锁模,如拓扑绝缘体材料(Bi$_2$Se$_3$[63-68]、Bi$_2$Te$_3$[69-77]和 Sb$_2$Te$_3$[78-83]等),二硫化钼(MoS$_2$)[93-98],二硫化钨(WS$_2$)[99,100],木炭粉末[101-103]和金纳米颗粒[104-106]等。其在激光器中的作用和锁模机理与之前提到的可饱和吸收体大致相同,激光器的结构也基本类似,所以在此处就不再详述。但无论哪一种可饱和吸收体,都有其各自的优点和缺点,本文将在第 2 章中对几种常用可饱和吸收体的性能进行比较。

1.4 国内外研究现状与进展

1.4.1 基于石墨烯可饱和吸收体的锁模光纤激光器

前面已经提到,2009 年,基于石墨烯的锁模光纤激光器被英国剑桥大学的 T. Hasan 和 Z. Sun,新加坡国立大学的 Q. Bao 和南洋理工大学的 H. Zhang 等学者几乎在同一时间报导。此后,剑桥大学的这一课题组获得了脉宽为 200fs 的超短脉冲激光器[107];他们与帝国理工学院和牛津大学合作,实现了稳定的、宽带波长可调、近变换极限的锁模脉冲输出[108];波长调谐范围高达 34nm(注:波长为 1525～1559nm);与加拿大蒙特利尔理工学院合作,对掺镱激光器输出的纳秒脉冲进行了压缩[109];与法国的约瑟夫傅里叶大学共同发表了石墨烯锁模超快激光器的文章[110];还对石墨烯和碳纳米管的超快激光器进行了综述性评论[111]。此外,新加坡南洋理工大学实现了石墨烯在掺铒激光器中的高能量输出,单脉冲能量为 7.3nJ[112];得到了多波长耗散孤子输出的激光器,可以同时获得两个波长和三个波长的锁模输出[113];用同一个石墨烯样品实现了在掺镱和掺铒激光器中的锁模和在掺铥激光器中的调 Q 输出[114];他们还利用三维的石墨烯材料实现了在掺铒激光器中的锁模输出[115]。南洋理工大学与新加坡国立大学继续合作,用基于石墨烯的聚合物实现了高性能的锁模脉冲[116];分别在全负色散和全正色散的激光器中实现了波长可调的脉冲输出[117];他们又联合美国空军学院,实现了波长可调的耗散孤子激光器[118];与帝国理工学院一起搭建了双向输出的锁模激光器[119];与江苏师范大学一起研究了激光器中的矢量孤子现象[120,121];与西安光学精密机械研究所和新加坡制造技术研究院合作,实现了氧化石墨烯在全正色散的掺镱激光器中的锁模[122]。

在 $1\mu m$ 波段,2010 年,南洋理工大学的 M. L. Zhao 等人与新加坡国立大学合作,用石墨烯薄膜首次实现了在 $1\mu m$ 波段的锁模脉冲输出[123]。激光器的结构如图 1.7 所示,采用了 975nm 的双泵浦源,掺镱的增益光纤长度为 72 cm,在 977nm 处的吸收为 1020dB/m,在腔中另外加了约 210m 长的单模光纤,所用石墨烯薄膜的插入损耗约为 1.25dB。由于激光腔中含有 210m 的单模光纤,所以激光器的重复频率较小,约为 0.9MHz,输出的中心波长为 1069.8nm,FWHM 为 1.29nm,输出的单脉冲能量为 0.41nJ,信噪比高达 70dB,但输出脉冲具有很大的啁啾,脉冲宽度为 560ps。

在 $2\mu m$ 波段,2012 年,英国帝国理工学院 J. R. Taylor 的课题组与剑桥

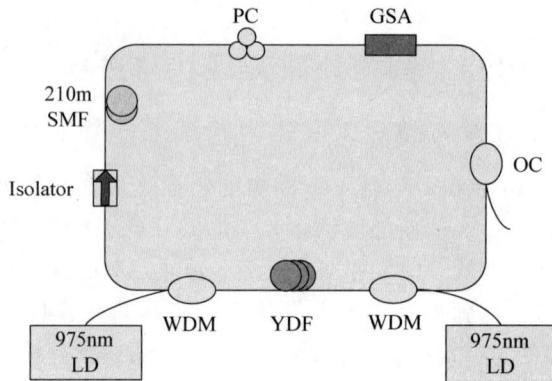

图 1.7　1μm 掺镱锁模光纤激光器的结构示意图（根据文献［123］绘制）

大学 A. C. Ferrari 的课题组合作，搭建了基于石墨烯的掺铥光纤激光器[124]。激光器的结构如图 1.8 所示，输出光谱的中心波长在 1.94μm 处，FWHM 为 2.1nm，重复频率为 6.46MHz，脉冲宽度为 3.6ps，对应的时间带宽积（TBP）为 0.59，表明脉冲具有较小的啁啾。

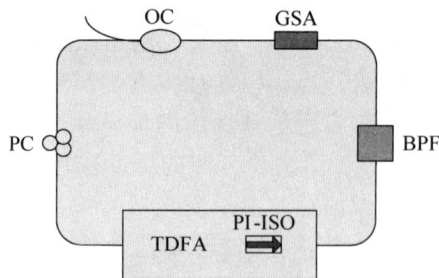

图 1.8　2μm 掺铥锁模光纤激光器的结构示意图：
A 为掺铥光纤放大器，BPF 为带通滤波器（根据文献［124］绘制）

　　2012 年，波兰弗罗茨瓦夫理工大学 G. Sobon 所在的课题组，实现了石墨烯在掺铒光纤激光器中的谐波锁模[125]。激光器的结构如图 1.9 所示，腔长仅有 1.9m，对应重复频率为 106MHz。在最高次谐波（21 阶）时的重复频率高达 2.22GHz，超模抑制为 40dB，此时光谱的中心波长在 1560nm 处，FWHM 为 2.9nm，脉冲宽度为 900fs。他们还与本校另两个课题组相互合作，不仅获得了 100fs 左右的超短脉冲输出[126,127]和在掺铥激光器中的锁模输出[128]，而且还实现了在 1.5μm 和 2μm 波段同步锁模输出的激光器[129,130]，以及在中红外波段超连续谱的产生[131]；还在可调谐激光器[132]、

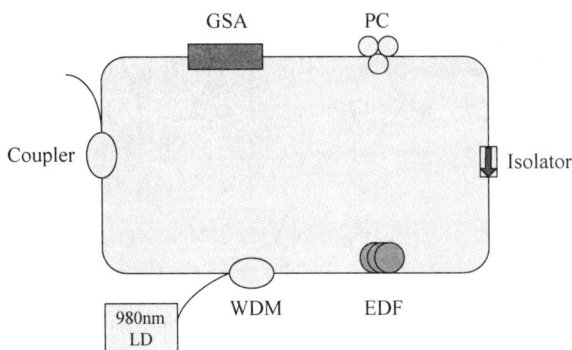

图 1.9 石墨烯谐波锁模光纤激光器的结构示意图（根据文献[125]绘制）

谐波锁模[133]和啁啾脉冲放大[134]等方面做出了贡献。

2012 年，东京大学 A. Martinez 和 S. Yamashita 设计了基于石墨烯的法布里-珀罗超短腔的锁模光纤激光器[135]，腔长仅有 10mm，锁模的基频高达 9.67GHz。激光器的结构如图 1.10 所示，两个高反镜构成了法布里-珀罗的谐振腔，对信号光的反射率大于 99%，中间部分的增益介质为铒镱共掺光纤，左端的高反镜上镀有石墨烯用于实现激光器的锁模，右端高反镜对于泵浦光的透过率大于 90%。锁模后光谱的中心波长在 1562nm 处，FWHM 为 3.2nm，光谱的纵模间隔为 0.08nm，输出的脉冲宽度为 865fs。此外，他们还用机械剥离法制备的石墨烯样品实现了在掺铒激光器中的锁模[136]；用光诱导法实现了对石墨烯和碳纳米管在光纤端面上的沉积，并应用于激光器的锁模[137]；并且作了关于石墨烯锁模激光器的综述性报告文章[138]。

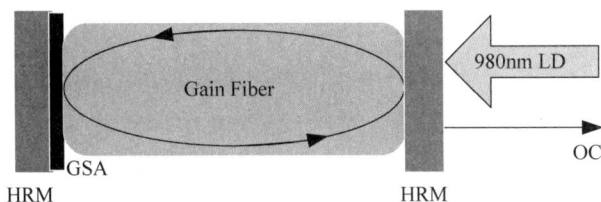

图 1.10 法布里-珀罗超短腔锁模光纤激光器的结构示意图：Gain Fiber 为铒镱共掺光纤，HRM 为高反透镜，OC 为输出耦合器（根据文献[135]绘制）

与此同时，国外的其他课题组也纷纷加入到石墨烯锁模光纤激光器的研究当中。如亚利桑那大学 X. Zhu 的课题组用石墨烯在掺铥的 ZBLAN 光纤中实现了中心波长在 1190nm 处的调 Q 输出[139]。韩国科学技术研究院 Y.-W. Song 的课题组利用侧面抛光的光纤所产生的倏逝场与石墨烯作用,实现了高单脉冲能量的锁模脉冲输出[140];他们与首尔大学和韩国科技大学合作,实现了石墨烯的调 Q[141]、多层石墨烯的锁模[142]和基于倏逝场锁模的掺铒激光器[143];还与加州大学洛杉矶分校合作,对石墨烯在光纤端面上的沉积作了研究[144]。韩国亚洲大学 S. Y. Choi 的课题组和首尔国立大学合作,利用倏逝场作用机理,实现了石墨烯锁模激光器的高单脉冲能量输出[145];与韩国科学技术研究院和延世大学合作,在中空光纤中注入石墨烯溶液,成功获得了锁模脉冲输出[146]。马来西亚大学 S. W. Harun 的课题组通过在激光腔内加入滤波器,实现了波长可调的锁模脉冲输出[147];与印度的中央玻璃和陶瓷研究所合作,在激光器中同时获得了调 Q 和锁模脉冲的输出[148],他们一起又与马来西亚国防大学合作,在铒铋共掺激光器中实现了锁模脉冲输出[149];并且实现了掺铒激光器的调 Q 输出[150]。法国昂热大学课题组的 F. Sanchez 与我国河北科技大学和突尼斯迦太基大学合作,搭建的石墨烯谐波锁模激光器,获得了 683 阶、重复频率高达 5.88GHz 的高重频谐波锁模[151]。澳大利亚的新南威尔士大学 H. T. Hattori 的课题组利用氧化石墨烯实现了掺镱激光器的调 Q 输出[152]。英国阿斯顿大学 A. Rozhind 的课题组报道了基于石墨烯氟化物的薄膜在掺铒激光器中的锁模[153]。芬兰的阿尔托大学 Z. Sun 的课题组也与东京大学一起,做了关于石墨烯和碳纳米管超快激光器的综述性评论[154]。

在国内,很多课题组也加入到了基于石墨烯锁模光纤激光器的研究之中。北京工业大学王璞老师的课题组不仅利用氧化石墨烯实现了掺铒和掺铥激光器的锁模[155-158],而且还搭建了基于石墨烯的掺镱锁模激光器[159]和掺铥激光器的调 Q 输出[160];此外,他们与天津大学合作,又实现了基于氧化石墨烯的飞秒掺铒激光器的锁模[161],而且还搭建了全保偏的飞秒掺铒激光器[162],并在掺镱的激光器中获得了高达 163nJ 的单脉冲能量输出[163];他们还与西安光学精密机械研究所合作,用氧化石墨烯实现了瓦级输出的调 Q 激光器[164]。厦门大学罗正钱和蔡志平老师课题组利用化学气相沉积(CVD)方法制备的石墨烯薄膜样品,在双包层掺铥光纤的激光器中实现了调 Q 输出[165];利用光纤布拉格光栅,在掺铒激光器中实现了双波长的调 Q[166];通过石墨烯与拉锥光纤的倏逝场作用,搭建了多波长锁模的掺铒激光器[167]、多波长耗散孤子的掺镱锁模激光器[168]以及调 Q 和锁模的掺铒激光器[169];研究了基于石墨烯所产生的四波混频现象及其在掺铒光纤激光器中多波长调 Q 方面的应用[170];在一台激光器中,同时实现了在掺镱和掺铒两个波段的调 Q 输出[171]。深圳大学闫培光老师的课题组与西安光学精密机械研究所和中南大学合作,利用氧化石墨烯作为可饱和吸收体,在掺镱激光器中发现了暗脉冲的锁模现象[172];搭建了多波长可调谐的掺镱激光器[173];他们还在掺镱激光器中观察到了多脉冲锁模[174]、孤子雨[175]和谐波锁模等现象[176]。中国科学院西安光学精密机械研究所刘雪明老师的课题组把石墨烯和碳纳米管结合起来,实现了同时输出传统孤子和耗散孤子的掺铒光纤激光器[177,178]。湖南大学张晗老师的课题组与新加坡国立大学合作,设计了可以在激光腔中调节石墨烯锁模器件位置的激光器[179];与荷兰代尔夫特理工大学合作,获得了掺铒激光器的调 Q 锁模现象[180]。清华大学杨昌喜老师的课题组与本校材料学院合作,获得了在掺铒激光器中的锁模[181],并对掺铒激光器中的束缚态现象进行了研究[182]。中国科学院上海光学精密机械研究所与中国科学院研究生院一起,利用超短的线性腔实现了重复频率高达 7GHz 的锁模激光器[183];利用光诱导法制备的石墨烯锁模器件,实现了波长在 1180nm 处的拉曼锁模光纤激光器[184];他们还与爱尔兰的都柏林圣三一学院合作,在掺镱全保偏的激光器中得到了调 Q 脉冲输出[185]。香港理工大学王东宁老师的课题组与南开大学合作,通过在中空的光子晶体光纤中填充氧化石墨烯溶液,实现了在掺铒光纤激光器中的纳秒锁模脉冲[186],通过石墨烯与拉锥光纤的倏逝场作用,得到了在掺铒激光器中的锁模输出[187];他们一起与复旦大学合作,利用啁啾光纤光栅得到了波长可调谐的掺铒锁模激光器[188]。台湾"国立"高雄大学 H.-H. Kuo 老师的课题组与台湾"国立"中山大学和台湾高雄金属工业研发中心合作,在掺铒激光器中获得了稳定的锁模脉冲输出[189]。"国立"台湾大学 G.-R. Lin老师的课题组也实现了掺铒激光器中的锁模[190],并对掺铒激光器中 Kelly旁瓣现象进行了研究[191]。台湾"国立"中山大学 W.-H. Cheng 老师的课题组与高雄金属行业研发中心、台湾"国立"高雄大学、"国立"台湾大学和台湾"中央"研究院合作,他们用 CVD 方法制备出石墨烯样品,得到了在掺铒激光器中稳定的锁模脉冲输出[192]。台湾"国立"交通大学与新竹工业技术研究院和台北市立大学合作,实现了基于一个石墨烯样品在掺镱和掺铒激光器中的锁模[193]。华南师范大学徐文成老师的课题组通过光诱导法制备的石墨烯锁模器件,得到了 50nm 宽度可调的掺铒调 Q 激光器[194];利用拉锥的光纤实现了在掺铒激光器中的谐波锁模[195]和掺镱激光器中的孤子俘获现象[196]。河北师范大学张淑敏老师的课题组研究了石墨烯在掺铒光纤激光器中的多脉冲孤子动力学[197]和矢量孤子现象[198],并且在 L 波段获得了石墨烯的谐波锁模激光器[199]。西北大学任兆玉老师的课题组分别与陕西全固态激光及应用工程技术研究中心和西安光学精密机械研究所合作,实现了石墨烯在掺铥激光器中的调 Q 输出[200,201]。南开大学田建国老师的课题组在掺铒激光器中作了调 Q、锁模和调 Q 锁模的报道[202]。上海交通大学的吴侃老师与新加坡国立大学和中科院西安光机所合作,对掺铒光纤激光器中如何获得低抖动的相位噪声进行了报道[203]。重庆大学朱涛老师的课题组,也对掺铒光纤激光器中交叉相位调制的不稳定性进行了报道[204]。

图 1.11 为近年来石墨烯锁模光纤激光器的论文发表和引用情况的引文报告(数据来源于 Web of Science)。从图中我们可以看出,从 2009 年石墨烯首次被应用于光纤激光器锁模的文章报道之后,关于石墨烯锁模光纤激光器文章的报道呈现出逐年增长的趋势。除此之外,其引文的数量也在稳步增长,从 2010 年的 60 篇左右,增长到 2014 年的 800 多篇,这表明人们对石墨烯锁模光纤激光器的研究越来越重视和关注。

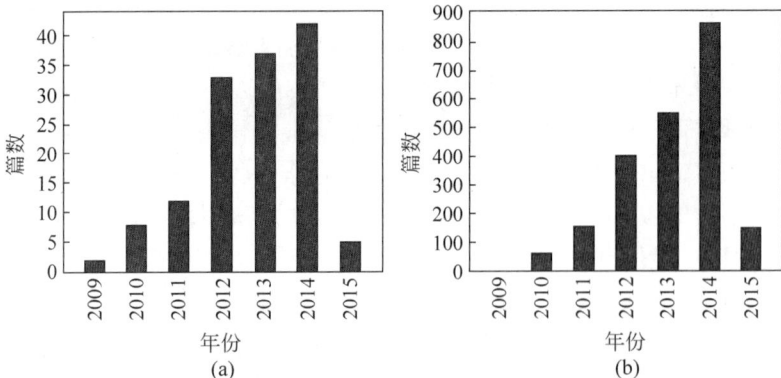

图 1.11　石墨烯锁模光纤激光器的论文发表和引用情况:(a)论文发表数,(b)论文引用数。检索式为在文章的"标题"中检索:(graphene) and (mode lock * or pulse *) and (fiber laser *),数据库来源:Science Citation Index Expanded (SCI-EXPANDED) 和 Conference Proceedings Citation Index-Science (CPCI-S),检索时间:2015-04-06

1.4.2　石墨烯在其他种类激光器中的应用

除了在光纤激光器中的应用,石墨烯作为可饱和吸收体还可以应用在固体激光器[205]、波导激光器[206]和半导体激光器中[207]。

2010 年,新加坡南洋理工大学 D. Y. Tang 的课题组与本校材料学院和美国空军学院合作,用石墨烯饱和吸收体作为锁模器件,在 Nd:YAG 的固体激光器中实现了 4ps 的锁模脉冲输出[205]。激光器的结构如图 1.12 所示，其中 M1 对于泵浦光具有高的透过率，对于中心波长在 1.06μm 处的光具有高的反射率。锁模之后，激光器的重复频率为 88MHz，输出光谱的中心波长在 1064nm 处，FWHM 为 0.42nm。在国内，很多大学和科研单位也对石墨烯的固体激光器进行了研究，如中科院物理所[208]、上海交通大学[209]、北京理工大学[210]、山东大学[211] 和西北大学[212] 等。

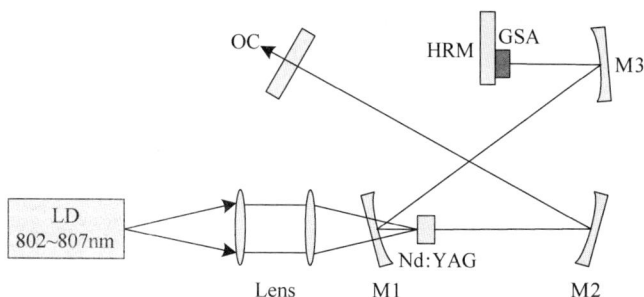

图 1.12　基于石墨烯的固体锁模激光器：M1、M2 和 M3 为凹透镜（根据文献[205]绘制）

　　2013 年，英国赫瑞瓦特大学 R. Mary 的课题组与剑桥大学、希腊爱奥尼亚大学和日本的朝日玻璃有限公司的研究中心合作，搭建了重复频率高达 1.5GHz 的波导激光器（如图 1.13 所示[206]）。激光器输出的中心波长在 1039nm 处，脉冲宽度为 1.06ps，输出的平均功率高达 202mW，转换效率为 48%。

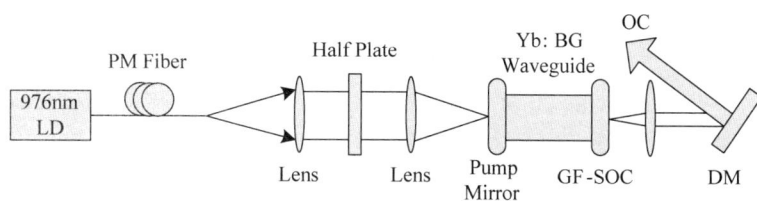

图 1.13　基于石墨烯的波导锁模激光器：PM Fiber 为保偏光纤，Yb:BG 为掺镱铋酸盐玻璃，GF-SOC 为石墨烯薄膜饱和吸收体的输出耦合器，DM 为二向色镜（根据文献[206]绘制）

　　2013 年，瑞士的量子电子学研究所与剑桥大学和韩国成均馆大学合作，把石墨烯应用在半导体激光器的锁模中（如图 1.14 所示[207]）。激光器的腔长仅为 6 cm，重复频率高达 2.5GHz，输出的脉冲宽度为 466fs，中心波长可以在 935～981nm 间调谐，在 949nm 处的 FWHM 为 2.5nm。

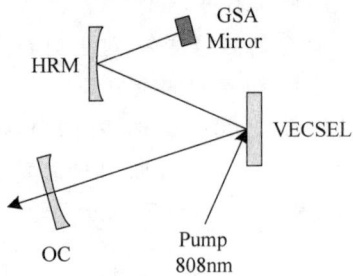

图 1.14   基于石墨烯的半导体锁模激光器：
VECSEL 为垂直外腔表面发射激光器（根据文献[207]绘制）

1.4.3   石墨烯可饱和吸收体的宽带锁模特性

近年来，随着对石墨烯锁模光纤激光器研究的不断深入，不同课题组先后报道了基于同一石墨烯锁模器件在不同波段光纤激光器中的锁模。

2013 年，波兰弗罗茨瓦夫理工大学的三个课题组相互合作，实现了基于同一石墨烯样品，在掺铒和掺铥光纤激光器中的同步锁模输出。激光器中有两个谐振腔（如图 1.15 所示[129]），共用同一个石墨烯锁模器件。锁模后在掺铒和掺铥的腔中输出的中心波长、FWHM、重复频率和脉冲宽度分别为 1565nm 和 1944nm、4.2nm 和 3.9nm、20.19MHz 和 18.43MHz、1.03ps 和 933fs。2014 年，他们对两个激光器的腔长进行了调整使其相互

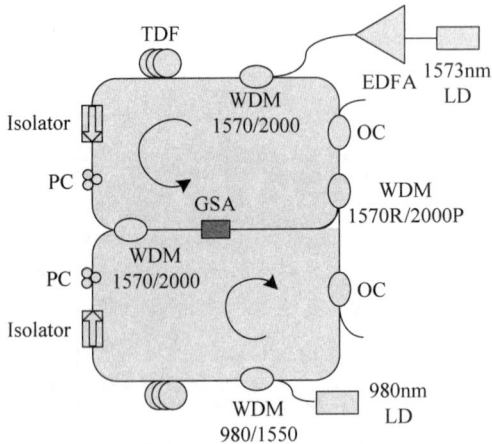

图 1.15   掺铒和掺铥同步锁模的光纤激光器：TDF 为掺铥光纤，1570R/2000P 为在
1570nm 处反射，在 2000nm 处透射，其余的 WDM 均为透射式（根据文献[129]绘制）

匹配,并通过在掺铒的腔内加入一段色散延迟线,对激光器的同步输出特性
进行了研究[130]。

2014 年 6 月,台湾"国立"交通大学与新竹工业技术研究所和台北大学
合作,用同一个氧化石墨烯的锁模器件实现了分别在掺镱和掺铒光纤激光
器中的锁模(如图 1.16 所示[193])。锁模后在掺铒光纤激光器中得到的中心
波长在 1559.2nm 处,FWHM 为 5.16nm,脉冲宽度为 587fs,对应的重复频
率为 15.95MHz。在掺镱光纤激光器中,他们在氧化石墨烯和 PC 之间引
入一段 1.5m 长的保偏光纤,用来在激光器的内腔中实现偏振相关双折射
滤光片的效果,以此来获得更窄的锁模脉冲。锁模后,激光器输出的中心波
长为 1057.2nm,FWHM 为 0.75nm,脉冲宽度为 2.73ps,此时激光器的重
复频率为 9.5MHz。

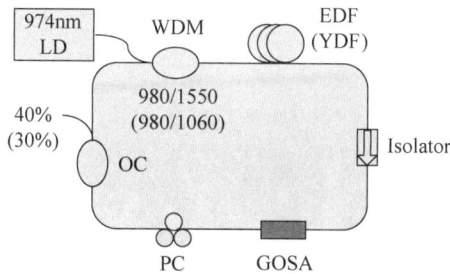

图 1.16　掺镱和掺铒锁模的光纤激光器:
GOSA 为氧化石墨烯的可饱和吸收体(根据文献[193]绘制)

2014 年 9 月,新加坡南洋理工大学 Q. J. Wang 的课题组报道了基于同
一氧化石墨烯样品分别在掺镱、掺铒激光器的锁模和在掺铥光纤激光器中
的调 Q 输出[114]。激光器的结构如图 1.17 所示,在掺镱和掺铒锁模激的激
光器中输出的中心波长、频谱宽度和脉冲宽度分别为 1029.5nm 和 1560nm、
0.9nm 和 3.8nm、190ps 和 750.5fs,在掺铥的调 Q 激光器中输出的中心波
长在 1871nm 处,重复频率在 12.5～33kHz 之间变化,对应脉冲宽度从
20.5μs 减小到 12.5μs。

石墨烯除了在 1～2μm 波段的激光器中被广泛应用外,其在其他波段
也具有良好的锁模性能。

2012 年,韩国亚洲大学将石墨烯应用在基于钛宝石的固体激光器中,
获得了信噪比大于 65dB 脉冲宽度为 63fs 的超短脉冲输出(如图 1.18 所
示[213])。激光器输出的中心波长接近 800nm,FWHM 为 13.2nm,重复频

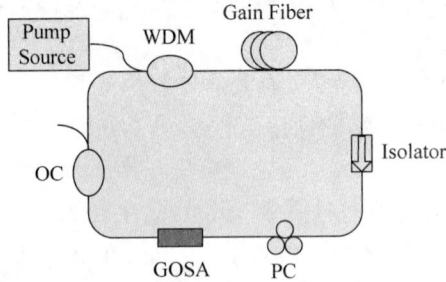

图 1.17　掺镱和掺铒锁模、掺铥调 Q 的光纤激光器:GOSA 为氧化石墨烯的可饱和吸收体,Gain Fiber 在掺镱、掺铒和掺铥的激光器中分别对应于 YDF、EDF 和 TDF,Pump Source 在掺镱和掺铒的激光器中为 980nm 的 LD,在掺铥激光器中为 1570nm 的 LD 并经过 EDFA 放大(根据文献[114]绘制)

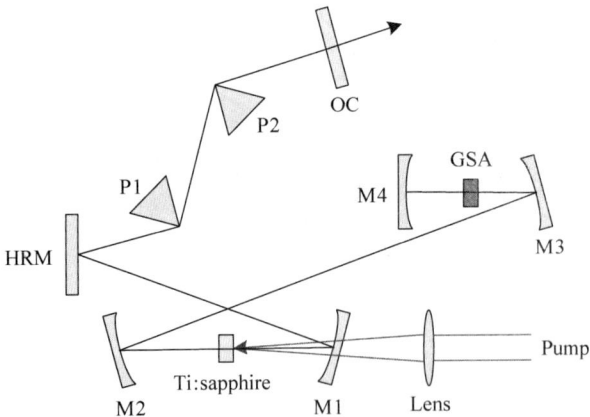

图 1.18　基于石墨烯的钛宝石锁模激光器:
Ti:sapphire 为钛宝石,P1 和 P2 为棱镜对(根据文献[213]绘制)

率为 99.4MHz。

2013 年,土耳其科可大学与韩国亚洲大学和首尔国立大学合作,实现了基于石墨烯的固体激光器在 2500nm 波段的锁模脉冲输出(如图 1.19 所示[214])。激光器采用 1.8μm 的掺铥光纤激光器作为泵浦光源,锁模后输出的中心波长在 2500nm 处,FWHM 为 37nm,脉冲宽度为 226fs,重复频率为 77MHz,输出的平均功率高达 80mW。

2013 年,亚利桑那大学与南京大学合作,把石墨烯的工作波段扩展到了 2.78μm(如图 1.20 所示[215])。他们用氟化物的 ZBLAN 光纤作为增益

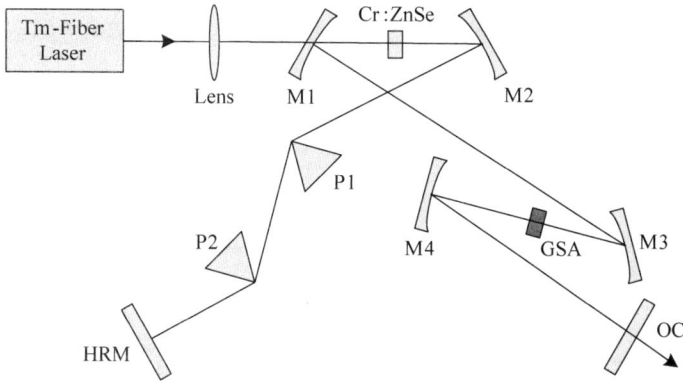

图 1.19 基于石墨烯的固体激光器在 2500nm 处的锁模（根据文献[214]绘制）

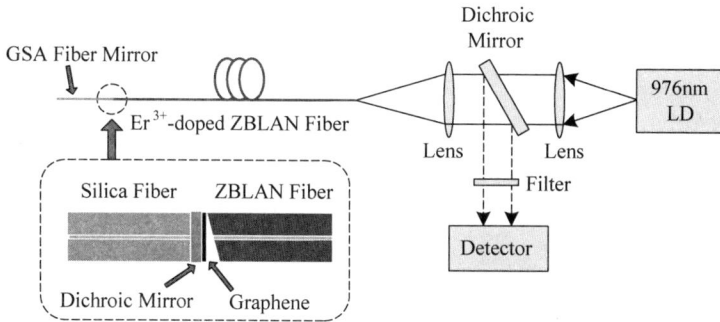

图 1.20 基于石墨烯的光纤激光器在 $2.78\mu m$ 处的调 Q 输出（根据文献[215]绘制）

介质，获得了在 $2.78\mu m$ 处石墨烯的调 Q 光纤激光器。输出的最大单脉冲能量为 $1.67\mu J$，此时的脉冲宽度为 $2.9\mu s$，重复频率为 37kHz。

1.5 本文的主要内容

从 1.4 节的国内外研究现状与进展的综述可以看出，石墨烯作为一种新的饱和吸收体在光纤激光器锁模中的应用成为国内很多科研机构研究的重点。从最开始的掺铒光纤激光器扩展到掺铥和掺铥光纤激光器，波段从 $1\sim2\mu m$，研究的内容包括波长可调、超短脉宽、高脉冲能量、谐波锁模和高重频等。随着对石墨烯锁模光纤激光器研究的不断深入，利用石墨烯在光纤激光器中的谐波锁模来实现高重复频率的输出被相继报导[125,133,151]，基于同一个石墨烯的锁模器件在不同波段激光器中的锁模也被陆续报导[114,129,130,193]。此外,由于 $2\mu m$ 波段所具有的对于人眼安全并且位于透过率较好的"大气窗口"等特性,人们对 $2\mu m$ 波段掺铥光纤激光器的研究也在不断升温。

基于这样的背景,本文利用石墨烯作为锁模器件,应用于不同波段光纤激光器的锁模。利用光诱导法所制备的石墨烯锁模器件,实现了在掺铒光纤激光器中的锁模和谐波锁模,并对不同损耗石墨烯锁模器件的锁模特性进行了对比。接下来利用本校材料学院基于 CVD 法所制备的石墨烯薄膜样品,并与光纤集成作为锁模器件,通过在 $2\mu m$ 铥钬共掺光纤激光器的腔中引入不同长度的普通单模光纤,实现了在 $2\mu m$ 波段的纳秒脉冲输出,得到的单脉冲能量高达 38.6nJ。此外,我们还利用同一个石墨烯薄膜的锁模器件实现了在掺镱($1\mu m$)、掺铒($1.5\mu m$)和铥钬共掺($2\mu m$)三个波段光纤激光器中的锁模,锁模的波长跨度近 1000nm。

本文的主要内容包括:

第 2 章,首先介绍了石墨烯的结构、性能、制备方法和应用。然后阐述了石墨烯作为可饱和吸收体的特点,并对 SESAM、SWNTs 和石墨烯这三种可饱和吸收体的性能进行了对比。接下来介绍了石墨烯作为锁模器件在光纤激光器中的应用。最后基于改进的非线性薛定谔方程,在理想饱和吸收体的模型下模拟了锁模脉冲的产生,并分析了石墨烯的调制深度对脉冲输出特性的影响。

第 3 章,用光诱导法制备了石墨烯的锁模器件,并对石墨烯的线性吸收曲线、拉曼光谱和调制深度等特性进行了表征。接下来重点介绍了石墨烯在掺铒光纤激光器中的锁模和谐波锁模。其中,不同损耗石墨烯样品的锁模特性略有差异。因此,本部分内容以低损耗和高损耗两种石墨烯的样品为例,分析了在这两种情况下激光器的锁模特性。

第 4 章,利用本校材料学院基于 CVD 法所制备的石墨烯薄膜的样品,与光纤集成作为锁模器件,对 $2\mu m$ 的铥钬共掺光纤激光器进行了研究。通过改变激光腔的结构(即腔中含有不同长度的普通单模光纤),研究了在较长的谐振腔时激光器的输出特性,实现了在 $2\mu m$ 波段铥钬共掺光纤激光器中的纳秒脉冲锁模,输出单脉冲能量高达 38.6nJ,并总结了腔长和泵浦功率对激光器输出特性的影响。

第 5 章,利用光诱导的方法来实现石墨烯样品在光纤端面的沉积,虽然操作简单、成本低、但其制备的效率相对较低,无法大批量的生产和制备。

相比于光诱导法,用 CVD 法所制备的石墨烯薄膜的样品与光纤集成,兼具质量好和效率高的特点,并且具有更高的光损伤阈值。所以,本部分的工作仍采用基于 CVD 法所制备的石墨烯样品并与光纤集成,应用于不同光纤激光器的锁模。基于同一个石墨烯的锁模器件实现了在掺镱(1μm)、掺铒(1.5μm)和铥钬共掺(2μm)三个波段光纤激光器中的锁模,这是目前在实验上得到的波长跨度最宽的锁模结果。

第 6 章,对本文的工作进行了总结和展望。

第 2 章　石墨烯的特性及其在锁模光纤激光器中的应用

2.1　引　言

碳是非金属元素,在自然界中广泛存在。通过不同的杂化方式组合(sp, sp^2, sp^3),可以形成多种不同的同素异形体,常见的有石墨、富勒烯、金刚石、碳纳米管等,而石墨烯的出现使碳材料再次成为人们关注的焦点[216-218]。2004 年,英国曼彻斯特大学的 A. K. Geim 和 K. S. Novoselov 在实验中发现他们可以用一种非常简单的方法获得越来越薄的石墨薄片,最终得到了仅由一层碳原子所构成的薄片,这就是石墨烯。

石墨烯是一种新兴的仅有单原子层的二维结构材料,具有优异的电、光、热和机械性能,在凝聚态物理、材料科学、化学、纳米科学和超快光学等领域具有广泛的应用[219,220]。因此,石墨烯的发现者于 2010 年获得了诺贝尔物理学奖。在激光器中,石墨烯作为饱和吸收体表现出了良好的锁模性能,与传统的 SESAM 和近来研究较多的 SWNTs 相比,它具有超宽的工作波段、超快的恢复时间、低的线性吸收、高的损伤阈值、可控的调制深度等一系列突出的优点。

本章首先介绍了石墨烯的结构、性能、制备方法和应用。然后阐述了石墨烯作为可饱和吸收体的特点,并对 SESAM、SWNTs 和石墨烯这三种可饱和吸收体的性能进行了比较。接下来介绍了石墨烯作为锁模器件在光纤激光器中的应用。最后基于改进的非线性薛定谔方程,在理想饱和吸收体的模型下模拟了锁模脉冲的产生,并分析了石墨烯的调制深度对脉冲输出特性的影响。

2.2　石墨烯的结构和特性

2.2.1　石墨烯的结构

石墨烯由单层碳原子所构成,其碳原子以 sp^2 杂化轨道排列,组成单层平面的二维蜂窝状结构,在室温下可以稳定存在。在石墨烯的平面中,每个碳原子与其周围的三个碳原子组成 σ 键,构成正六边形的结构。而在石墨烯的面外,垂直于石墨烯平面的 P_z 轨道,其上面的电子形成 π 键。π 电子在石墨烯平面内的自由移动,是其优异导电特性的基础。石墨烯是目前已知材料中厚度最薄的,仅有一个碳原子的厚度,单层为 0.34nm。

石墨烯的结构如图 2.1 所示[217],通过实验处理,它可以形成零维的富勒烯(C_{60} 或 C_{70}),也可以卷成一维的碳纳米管,还可以堆积成三维的石墨晶体。石墨烯具有稳定的结构,当有外力作用时,其平面会发生一定的弯曲,以抵消外力作用并保持其自身结构的稳定性。因此,石墨烯平面并不是一个平整的面,而是具有朝不同方向的波浪褶皱状结构。类似于碳纳米管的单壁、双壁和多壁结构。石墨烯可以分为单层、双层和多层石墨烯,每层之间通过范德华力相连。

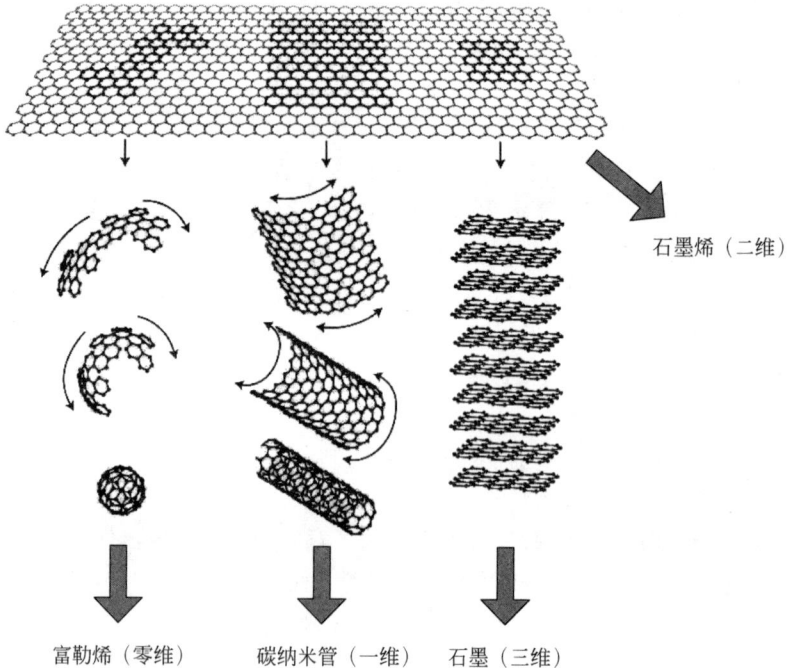

石墨烯（二维）

富勒烯（零维）　碳纳米管（一维）　石墨（三维）

图 2.1　石墨烯的结构以及用石墨烯可以形成的其他碳材料[217]

2.2.2　石墨烯的性能

石墨烯是目前已知的最薄、最坚硬的纳米材料。理想情况下,其电子迁移率可达 200000 $cm^2/V \cdot s$[221],高于纳米碳管和硅晶体,导热系数高达

$5000 \mathrm{W/m \cdot K}^{[222]}$，高于金刚石和碳纳米管，而电导率为 $10^6 \mathrm{S/m}^{[223]}$，比铜和银的高。基于石墨烯极低的电阻率，极快的电子迁移速度，石墨烯可被用来实现导电速率更快、更薄的新一代电子元器件和晶体管。此外，由于石墨烯是一种良好的透明导体，石墨烯也适合于触控屏幕和太阳能电池等复合材料的制备。单层石墨烯对光的透过率为 97.7%[224]，因此，可以通过石墨烯的透过率来估算石墨烯的层数。

2.2.3　石墨烯的制备方法

石墨烯的制备方法很多，不同方法制备出的石墨烯样品在形态和性能上会有所不同，本文仅对几种常见的制备方法简要介绍如下。

2.2.3.1　机械剥离法

2004 年，英国曼彻斯特大学的 A. K. Geim 和 K. S. Novoselov 用一种极为简单的机械剥离的方法，成功地从高定向热解石墨上剥离出单层的石墨烯，验证并观测到了单层石墨烯的存在[216]。机械剥离法是最早用来制备石墨烯的方法，具体方法是用透明胶带粘住石墨的两面，然后反复撕拉，由于石墨各层之间的范德华力较弱，这样很容易就可以把石墨层层拉开，直至获得单层的石墨烯。使用这种方法获得石墨烯的尺寸一般在微米的量级，最大可以达到毫米量级。

机械剥离法虽然简单，但也存在一些缺点，如获得的石墨烯尺寸不易控制，无法可靠地制备出足够长度的石墨烯，并且效率较低，因此不能满足工业化的需求。

2.2.3.2　化学气相沉积法

化学气相沉积法（CVD）是指反应物质在气态的条件下发生化学反应[225]，生成的固态物质沉积在被加热的固态基体表面，进而得到固体材料的工艺技术。在用 CVD 法制备石墨烯的过程中，首先，在气室中注入气态的碳源，高温加热后，使碳原子沉积在金属基底的表面，再通过刻蚀等方法去掉基底，最后就可以得到石墨烯。虽然 CVD 法难以得到厚度均匀的石墨烯，但所得到的石墨烯可以大面积的连续生长，使得石墨烯的制备在规模化的方面有了新的突破。

2.2.3.3　还原氧化石墨烯法

还原氧化石墨烯法是把石墨与强氧化剂和强酸放在一起，反应后生成的氧化石墨通过超声分散等方法制备成氧化石墨烯后,再加入还原剂除去氧化石墨的含氧基团,最终得到石墨烯[226]。还原氧化石墨烯法的缺点是生成的石墨烯样品会有不同程度的缺陷,但由于其设备简单、成本低,周期短,并且容易实现大规模的生产而受到了人们的广泛青睐。

2.2.3.4　其他方法

除了上述方法外,还有溶剂热法[227],外延生长发[228],碳纳米管纵切法[229],电弧放电法[230],有机合成法[231],超声分散法[232],等离子增强法[233],火焰法[234]等。在这些方法中,每种方法都有其各自的优点和缺点,所以可根据对样品的不同需求来选择适合的制备方法。

2.2.4　石墨烯的应用

早在 2012 年,因为发现石墨烯而获得诺贝尔奖的 K. S. Novoselov 和他的同事就在 Nature 上发表文章探讨过石墨烯的未来[218],两年多的发展也充分证明了他们的预测。

石墨烯具有极低的电阻率,极快的电子迁移速度,非同寻常的导电特性,极好的透光性和超出钢铁数十倍的强度,这使得石墨烯在光电显示、触摸屏、储能电池、电子器件、传感器和复合材料等领域有着广泛的应用[220]。例如,石墨烯所具有的高载流子浓度和迁移率以及低噪声等特点,使其在生物传感[235],气体传感[236]和光学传感[237]等方面有着重要应用;石墨烯所具有的独特的二维结构和优异的物理特性(例如大的表面积和高的导电性),使得石墨烯在超级电容器中具有极大的应用潜力[238];基于石墨烯优异的光电特性,其在太阳能电池等方面也有着广阔的应用前景[239]。

此外,石墨烯能带结构所具有的线性的能量和动量关系,可以看成是零带隙的半导体结构。因此,基于泡利阻塞原理[110],石墨烯还被认为是一种宽带的可饱和吸收体。自从 2009 年英国剑桥大学的 T. Hasan 和 Z. Sun,新加坡国立大学的 Q. Bao 和南洋理工大学的 H. Zhang 等学者实现基于石墨烯的锁模光纤激光器以来,石墨烯作为一种新的锁模器件在光纤激光器、固体激光器和半导体激光器等领域成为了一个新的研究热点。在下节中,我们将会对石墨烯可饱和吸收体在锁模光纤激光器中的应用作详细介绍。

2.3　石墨烯作为可饱和吸收体的特点及其
在锁模光纤激光器中的应用

2.3.1　石墨烯作为可饱和吸收体的特点

　　基于石墨烯所具有的线性的能量动量关系(如图 2.2 所示),可以把石墨烯看作是零带隙的半导体。基于泡利阻塞原理,石墨烯被认为是一种宽带的可饱和吸收体。随着入射功率的增大,石墨烯对入射光吸收逐渐减小直至饱和。这是因为饱和吸收体对入射脉冲峰值(高强度)部分的透过率高,而对边沿(低强度)部分的透过率低。所以,石墨烯即可以实现对脉冲的压缩,也可以完成对噪声的抑制。此外,石墨烯还具有超宽带运行,超快的饱和恢复时间,高的损伤阈值和可控的调制深度等特点[12,240,241]。

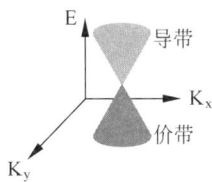

图 2.2　石墨烯的
能量动量关系

　　饱和吸收体在激光器中实现锁模的过程如图 2.3 所示,当强度不等的随机噪声在激光器的腔内运转每次遇到饱和吸收体时(图 2.3(a)),强度大的噪声具有大的透过率,而强度小的噪声的透过率低,最终被饱和吸收体吸收掉。如此反复,使得只有初始强度较大的那个噪声在激光腔中得到不断的整形和放大,进而形成脉冲。此外,石墨烯还具有对脉冲的整形和压缩的功能。如图 2.3(b)所示,脉冲强度高的地方具有较低吸收(高透过性),强度低的地方对应较高的吸收(低透过率)。经过多次在激光腔中的运行和可饱和吸收体的吸收后,最终建立起稳定的锁模脉冲输出(如图 2.3(c)所示)。

2.3.2　石墨烯与其他可饱和吸收体的对比和优势

　　在石墨烯出现之前,SESAM 是最常见的可饱和吸收体,也是目前在商用中使用最多的饱和吸收体。尽管 SESAM 的应用十分广泛,但它仍然存在一些不易克服的缺点,例如制作工艺复杂,价格昂贵,光损伤阈值较低,工作带宽窄和与光纤的兼容性不好等。所以,人们试图制备出更简单、更低成本、更宽的工作带宽和性能更优异的可饱和吸收体。在此背景下,基于低维碳材料的 SWNTs(二维)和石墨烯(一维)的出现,很好地解决了这些问题。

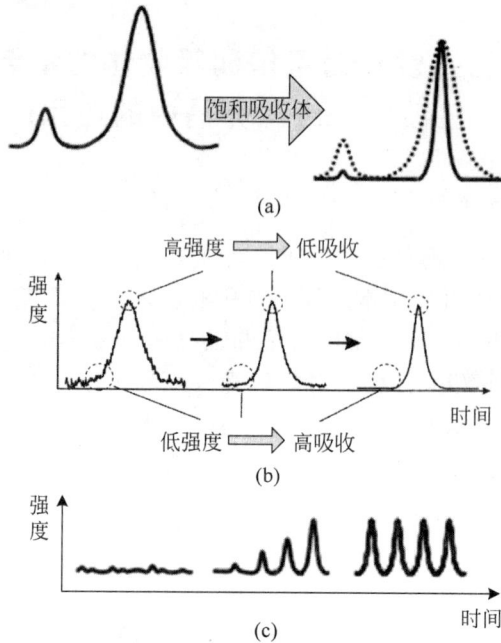

图 2.3　石墨烯可饱和吸收体的特点：
(a)饱和吸收,(b)脉冲整形[10],(c)脉冲形成的过程

　　表 2.1 为 SESAM、SWNTs 和石墨烯三种可饱和吸收体性能的比较。从表中我们可以看出,相对于 SESAM 和 SWNTs,石墨烯具有超宽的工作波段(紫外到中红外)、超快的恢复时间(低于 100 飞秒)、高的损伤阈值、低的线性吸收和可控的调制深度(通过层数的改变)的特点,并且其制备成本较低。由此可见,石墨烯作为新型可饱和吸收体具有良好的性能。

表 2.1　SESAM,SWNTs 和石墨烯性能的对比[10,12,41,45,220,242,243]

	SESAM	SWNTs	石墨烯
工作波段	窄(几十纳米)	宽(几百纳米)	超宽(紫外到中红外)
恢复时间	视制作工艺而定	超快(几百飞秒)	超快(低于 100 飞秒)
损伤阈值	较低	中	较高
线性吸收	适度	适度	较低
调制深度	视制作工艺而定	管径决定	层数决定
制备/成本	复杂/较高	简单/较低	简单/较低

2.3.3　石墨烯作为锁模器件在光纤激光器中的应用

前面提到,石墨烯在锁模光纤激光器中的应用始于 2009 年。当时,英国剑桥的 T. Hasan 和 Z. Sun[11],新加坡国立大学的 Q. Bao 和南洋理工大学的 H. Zhang[12]等学者几乎在同一时间报道了基于石墨烯可饱和吸收体的锁模光纤激光器,激光器均为全光纤的结构。

那么如何把石墨烯与光纤集成用于激光器的锁模呢? 通常,比较常用的方法是先把石墨烯样品转移至光纤端面,再通过光纤适配器把含有石墨烯的光纤与另一根光纤连接并固定,这样就组成了一个石墨烯的锁模器件,然后把其熔接到激光器的谐振腔之中,即可用于激光器的锁模。

图 2.4(a)为通过光诱导法把石墨烯转移至光纤端面的示意图[137],其作用机理与热对流效应和光镊效应有关[47,52]。图 2.4(b)为还原氧化石墨烯溶液自组装过程的示意图[181],自组装后所产生的石墨烯薄膜会漂浮在溶液的上方,通过光纤蘸取的方式即可把石墨烯薄膜转移至光纤端面。图 2.4(c)为通过物理吸附的方法直接把石墨烯的聚合物样品转移至光纤端面[11,12],并通过光纤适配器使其固定。图 2.4(d)为石墨烯转移至光纤端面后,通过光纤适配器连接两根光纤后的实物图。

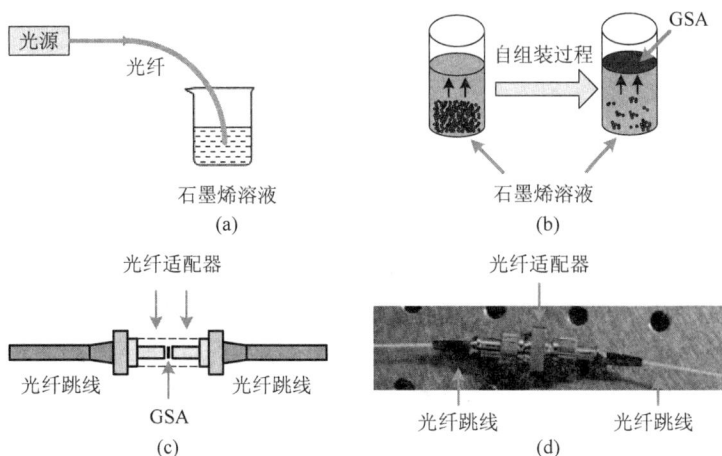

图 2.4　石墨烯转移至光纤端面的方法:(a)光诱导法,(b)自组装法,(c)物理吸附法,(d)两根光纤跳线通过光纤适配器连接后的实物图

除了把石墨烯样品转移至光纤端面外,另一种常用的方法是利用倏逝场的作用机理,利用喷涂、溶液浸入或光诱导沉积等手段将石墨烯转移到锥

形(如图 2.5(a)所示[167,168])或 D 型(如图 2.5(b)所示[140])光纤的侧面,通过石墨烯与光倏逝场的作用来实现激光器的锁模。

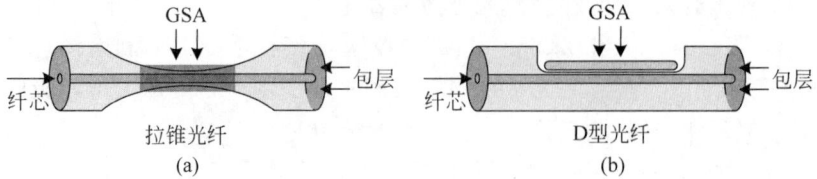

图 2.5　石墨烯与光倏逝场作用的方法:(a)锥形光纤,(b)D 型光纤

2.4　石墨烯锁模光纤激光器的数值模拟介绍

2.4.1　理想饱和吸收体模型

当饱和吸收体自身的弛豫时间远快于系统中的其他过程,并且是均匀展宽前提下,便可将其看作是理想的快速可饱和吸收体。由于石墨烯作为可饱和吸收体的恢复时间小于 100fs,故通常把石墨烯看作是理想的饱和吸收体。对于一个实际的可饱和吸收体而言,由于不可避免的存在其他杂质,所以当输入功率很大的时候,仍然会有少量的残余吸收。因此,通常用归一化的吸收函数来表示理想可饱和吸收体的非线性吸收[244]

$$q(I) = \frac{q}{1 + I/I_{\mathrm{sat}}} + q_0 \qquad (2\text{-}1)$$

式(2-1)中,$q(I)$ 为饱和吸收体对脉冲的瞬时吸收,I 为对应脉冲瞬时功率,I_{sat} 为饱和吸收体的饱和功率,q 为可饱和吸收体的饱和吸收,即调制深度,是归一化后最大与最小吸收的差值,q_0 为非饱和吸收,是可饱和吸收体固有的最小吸收。

在模拟的过程中,需要引入一个初始的噪声脉冲,脉冲在激光腔内经过各个元件时被不断的整形、放大,在腔内经过多次运行后逐渐建立稳定的脉冲。腔中的耦合器用于将一部分的脉冲能量输出腔外。因此,在模拟过程中,当脉冲经过耦合器时只需乘以一个相应的通过率系数,输出耦合后剩余的能量继续留在腔内运转。

2.4.2　石墨烯锁模光纤激光器的理论模型

考虑激光器的结构如图 2.6 所示,激光器由三部分单模光纤(SMF)、掺铒光纤(EDF)、石墨烯可饱和吸收体(GSA)和输出耦合器(OC)组成。

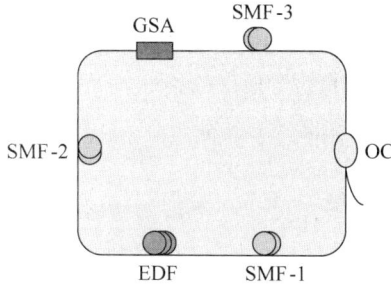

图 2.6　光纤激光器的结构示意图

在增益光纤中,脉冲的传输遵循改进的非线性薛定谔方程[245,246]

$$i\frac{\partial A}{\partial z} = \frac{\beta_2}{2}\frac{\partial^2 A}{\partial T^2} + i\frac{\beta_3}{6}\frac{\partial^3 A}{\partial T^3} - \gamma |A|^2 A + i\frac{1}{2} \cdot$$

$$\frac{g_0}{1 + E_{\text{pluse}}/E_{\text{sat}}}(1 + T_2^2\frac{\partial^2}{\partial T^2})A \tag{2-2}$$

$$E_{\text{pluse}} = \int_{-T_R/2}^{T_R/2} |A|^2 \mathrm{d}t \tag{2-3}$$

$$T_2 = 2\pi/(ck^2\Delta\lambda_g) \tag{2-4}$$

式(2-2)中,A 是脉冲包络的慢变复振幅,z 是脉冲在光纤中传输距离,T 是随脉冲以群速度移动的在参考系中的时间量度,β_2、β_3 分别为光纤的二阶和三阶色散,g_0 是小信号强度增益,γ 是光纤的克尔非线性系数,E_{sat} 是增益饱和能量,E_{pluse} 是脉冲能量。在式(2-3)和式(2-4)中,T_R 为光脉冲在激光腔中运转一圈的时间,也就是腔长所对应的谐振周期,$\Delta\lambda_g$ 是有限增益带宽,c 和 k 分别为真空中的光速和波矢。脉冲在无源的单模光纤中传输时仍遵循上述方程,此时的 g_0 取为 0 即可。

2.4.3　理想饱和吸收体模型下锁模脉冲的产生

在理想饱和吸收体模型下,并考虑到石墨烯样品实际的插入损耗,将式(2-1)进一步改写为

$$q(I) = l_0\left(\frac{q}{1 + I/I_{\text{sat}}} + q_0\right) \tag{2-5}$$

式(2-5)中,l_0 饱和吸收体在低功率下实际的吸收值。具体模拟的参数为:饱和吸收体实际的吸收值 l_0 为 0.5,饱和功率 I_{sat} 为 20W,归一化吸收后的调制深度 q 为 0.3;图 2.6 中三部分单模光纤(1,2 和 3)的二阶色散系数

β_2、三阶色散系数 β_3 和非线性系数 γ 分别为 $-23\mathrm{ps}^2/\mathrm{km}$、$0.19\mathrm{ps}^3/\mathrm{km}$ 和 $1.4\mathrm{W}^{-1}\cdot\mathrm{km}^{-1}$，长度分别为 3m、5m 和 2m；增益光纤采用 0.7m 长的掺铒光纤，二阶色散系数 β_2 为 $11\mathrm{ps}^2/\mathrm{km}$，非线性系数为 $3.7\mathrm{W}^{-1}\cdot\mathrm{km}^{-1}$，小信号增益 g_0 为 $3\mathrm{m}^{-1}$，增益饱和能量 E_{sat} 为 0.05nJ，有限增益带宽 $\Delta\lambda_g$ 为 50nm，增益峰值波长在 1560nm 处。

　　脉冲的时域演化过程如图 2.7 所示，初始时输入一个小的高斯脉冲，在经过腔内不同元器件的整形和放大后，最终建立起稳定的锁模脉冲。模拟结果表明，脉冲的形成和特征与初始脉冲的参数无关。当输入一个更小的随机噪声脉冲时，则需要经过更多的圈数运转才会得到稳定的锁模脉冲。

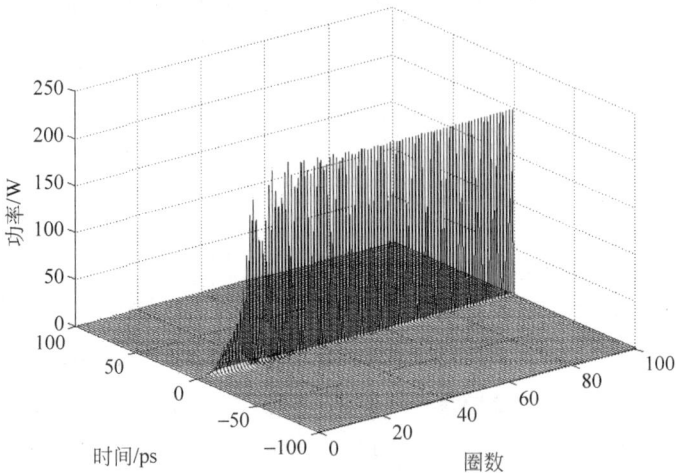

图 2.7　锁模脉冲建立的过程

　　图 2.8(a) 为激光器建立稳定锁模时的脉冲形状，此时脉冲的宽度为 0.63ps。图 2.8(b) 为激光器获得稳定锁模脉冲时的光谱，光谱的 FWHM 为 4.9nm。光谱两边对称位置出现的成对尖峰被称为 Kelly 旁瓣[247]，由学者 Kelly 最先研究发现而命名。Kelly 旁瓣的存在说明所得到的锁模光谱为典型的孤子光谱。孤子脉冲在激光腔内的周期性运转，其中的一部分能量以色散波的方式释放，色散波与孤子脉冲在某些波长处实现相长干涉，形成了 Kelly 旁瓣。

2.4.4　石墨烯的调制深度对脉冲输出特性的影响

　　对于饱和吸收体来说，理解其性能参数对激光器锁模特性的影响具有

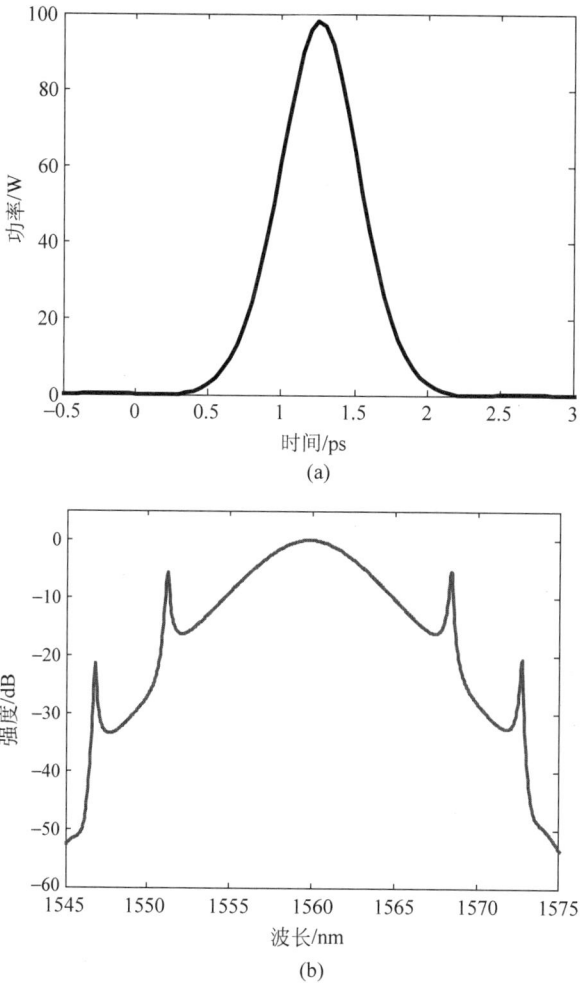

图 2.8　锁模时的(a)脉冲形状和(b)光谱

重要意义。对石墨烯而言,饱和功率由其自身的特性所决定,可认为是一个不变的量。但调制深度会随着石墨烯的层数、厚度和浓度的不同而发生变化,故在实验上是一个可以调控的参数。因此,本小节研究了在不同调制深度时,激光器锁模后输出参数的变化。在其他参数不变的条件下,图 2.9 和图 2.10 给出了在调制深度 q 分别为 0.2 和 0.4 时,锁模后的脉冲形状和光谱。

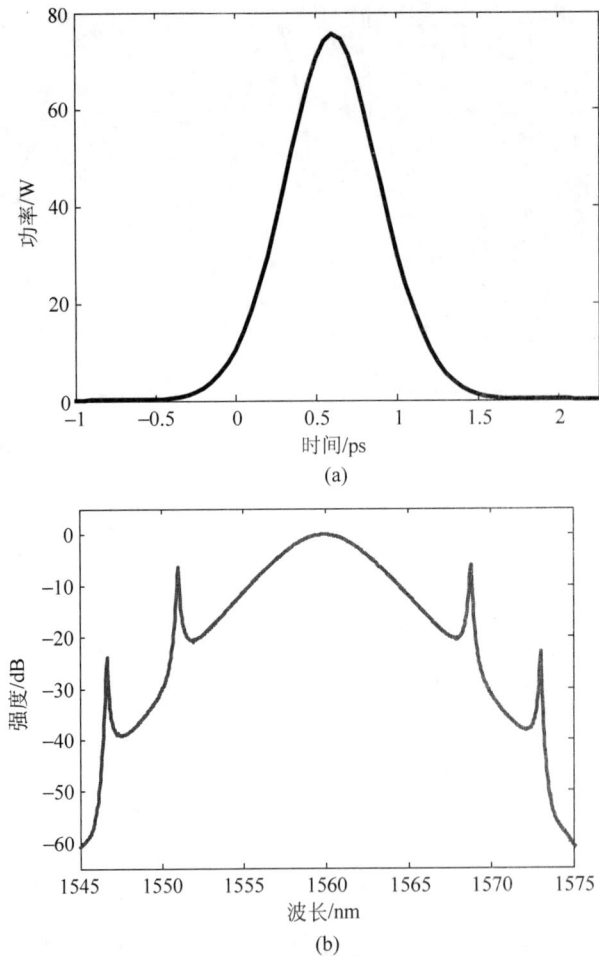

图 2.9   调制深度 q 为 0.2 时锁模后的(a)脉冲形状和(b)光谱

表 2.2 为在不同调制深度时的锁模后,对脉冲宽度和光谱宽度 (FWHM)进行的比较,从下表中我们可以看出,随着调制深度的增加,光谱 的 FWHM 逐渐变宽,脉冲宽度逐渐减小。这是因为随着调制深度的增大, 饱和吸收体对脉冲的压缩和整形作用的增强所致,并且脉冲的峰值功率也 会逐渐变高。所以,在一定程度上,我们可以通过增加石墨烯的调制深度, 来获得更短的锁模脉冲输出。

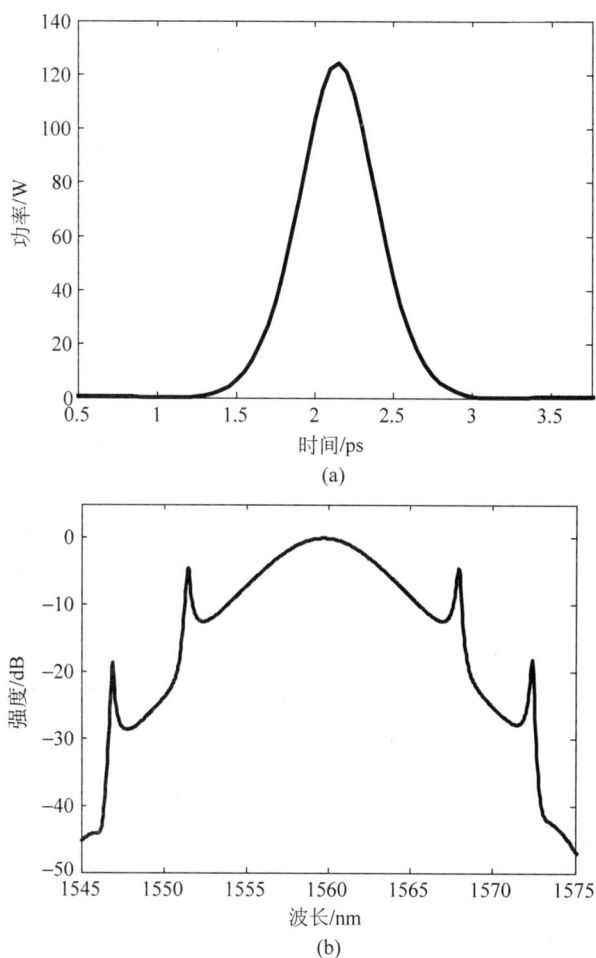

图 2.10　调制深度 q 为 0.4 时锁模后的(a)脉冲形状和(b)光谱

表 2.2　调制深度对锁模后激光器输出特性的影响

调制深度 q	脉冲宽度/ps	FWHM/nm
0.2	0.68	4.4
0.3	0.63	4.9
0.4	0.60	5.6

2.5　本 章 小 结

　　本章首先介绍了石墨烯的结构、性能、制备方法和应用。然后阐述了石墨烯作为可饱和吸收体的特点及其在锁模光纤激光器中的应用。基于石墨烯能带结构所具有的线性的能量动量关系，可以把石墨烯看作是零带隙的半导体，根据泡利阻塞原理，石墨烯被认为是一种宽带的可饱和吸收体。在石墨烯出现之前，基于 SESAM 和 SWNTs 的可饱和吸收体被广泛用于激光器的锁模。因此，本章用一小节把石墨烯与 SESAM 和 SWNTs 的饱和吸收性能进行了比较。相对于 SESAM 和 SWNTs，石墨烯具有超宽的工作波段（紫外到中红外）、超快的恢复时间（低于 100 飞秒）、高的损伤阈值、低的线性吸收和可控的调制深度，并且其制备成本较低。由此可见，石墨烯作为新型可饱和吸收体具有更优异的性能和优势。接下来介绍了石墨烯作为锁模器件在光纤激光器中的应用。石墨烯可以通过光诱导、物理吸附和直接在溶液中蘸取等方式转移至光纤端面，再由光纤适配器集成到激光腔中用于激光器的锁模。也可以通过把石墨烯转移至锥形或 D 型光纤的侧面，利用石墨烯与光倏逝场的作用来实现激光器的锁模。

　　本章最后对石墨烯锁模光纤激光器的数值模拟做了简要介绍。由于石墨烯具有超快的恢复时间，所以我们可以把石墨烯看作是理想饱和吸收体模型。基于改进的非线性薛定谔方程，在理想饱和吸收体的模型下模拟了锁模脉冲的产生，并分析了石墨烯的调制深度对脉冲输出特性的影响。结果表明，随着调制深度的增加，脉冲宽度逐渐减小，峰值功率逐渐变高。所以，在一定程度上，我们可以通过增加石墨烯的调制深度来获得更窄和强度更高的锁模脉冲输出。

第3章 石墨烯掺铒光纤激光器的锁模和谐波锁模

3.1 引　言

　　光纤激光器具有小型化、低成本、损耗低、灵活性好的特点,并且结构紧凑、无需冷却和准直,对灰尘、震荡、冲击、湿度、温度具有很高的容忍度,因此,光纤激光器得到了人们的广泛研究。在众多增益介质的光纤激光器中,由于掺铒锁模光纤激光器的运行波段在光通信的 C 波段(1525~1565nm),所以,对掺铒锁模光纤激光器的研究非常必要。正因为如此,掺铒锁模光纤激光器一直是人们研究的重点,也是很多科研工作者最早探索的光纤激光器。

　　前面已经提到,石墨烯可饱和吸收体具有超宽的工作波段、超快的恢复时间、较高的损伤阈值、较低的线性吸收和可控的调制深度,并且其制备成本较低。因此,石墨烯作为锁模器件在激光器中具有非常重要的应用。石墨烯可以通过光诱导法或者合成聚合物薄膜的方法,很好的集成到光纤激光器中,从而实现激光器的全光纤结构。自从 2009 年石墨烯被应用于光纤激光器的锁模之后[11,12],人们对石墨烯锁模光纤激光器的研究与日俱增。

　　石墨烯首次在光纤激光器中的应用,就是在掺铒锁模的光纤激光器中。在此之后,随着对掺铒锁模光纤激光器研究的不断深入,人们得到了基于石墨烯的不同类型的掺铒锁模光纤激光器,也获得了很多优异的结果,如多波长输出、波长可调谐、超短脉冲输出、高单脉冲能量和高重频等。其中,对高重频的研究一直是一个热点方向。由于重复频率与激光器的腔长成反比,所以可以通过缩短腔长的办法来产生高重频的脉冲输出。但是,由于激光器的腔长不能无限的缩减,并且过短的腔长也不利于激光器中各器件的布局和连接。在这种情况下,用谐波锁模的方法很好的解决了这个问题[125,133,151]。谐波锁模对激光器的腔长没有具体要求,激光器输出的重复频率是基频的整数倍,并且随着谐波阶次的增加,激光器的重复频率会进一步增大。

　　我们与清华大学材料学院合作,基于用还原氧化石墨烯的方法得到了石墨烯样品,通过光诱导的方法把石墨烯从酒精溶液中诱导至光纤端面,应用于掺铒光纤激光器的锁模和谐波锁模。

在本章中,首先对光诱导法作了简要介绍,然后对用光诱导法获得的石墨烯样品进行了表征,测量了石墨烯的线性吸收曲线、拉曼光谱和调制深度等特性。接下来重点介绍了石墨烯在掺铒光纤激光器中的锁模和谐波锁模。其中,多次的实验结果表明,不同损耗石墨烯样品的锁模特性略有差异。因此,本部分内容以低损耗(2.8dB)和高损耗(6.7dB)的两种石墨烯样品为例,分析了并总结了在这两种情况下激光器的锁模特性。对于低损耗的石墨烯样品,谐波锁模后的超模抑制(SMS)高达50dB,高于文献[125,133,151]所报道的结果。

3.2 光诱导法及石墨烯的特性表征

3.2.1 光诱导法

本实验中的石墨烯样品由清华大学的材料学院所提供,采用基于Hummers的还原氧化石墨烯的方法所制备[248]。制备出的石墨烯与酒精混合,超声2～3小时后,即可得到具有良好均一性的石墨烯的酒精溶液。

光诱导法所制备石墨烯可饱和吸收体锁模器件的过程如图3.1(a)所

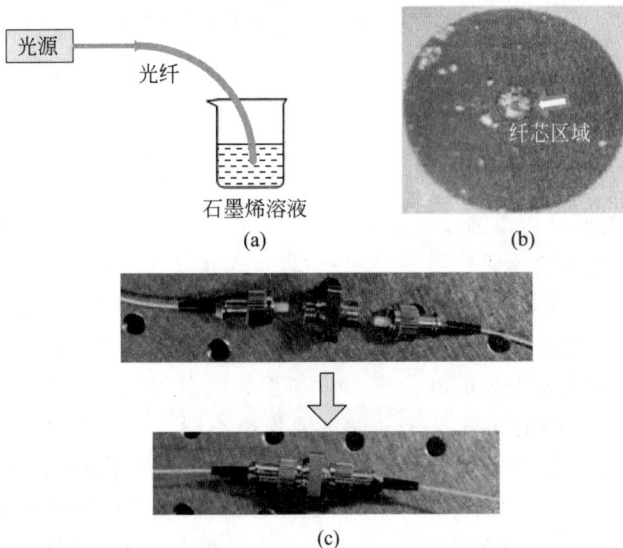

图3.1 光诱导法制备石墨烯可饱和吸收体锁模器件的过程:(a)光诱导石墨烯至光纤端面,(b)石墨烯沉积在光纤端面上后的显微图像,(c)通过光纤适配器把含有石墨烯的光纤与另一根光纤跳线相连

示。激光光源采用 1550nm 的连续激光器(Santec MLS-8100),光纤跳线的一端与光源相连接,另一端浸入在石墨烯的酒精溶液中。保持光源的输出功率为 5mW,10 分钟后关掉光源,把光纤跳线从石墨烯的酒精溶液中取出,放在空气中 10 分钟至酒精完全挥发。图 3.1(b)为用光诱导法获得的石墨烯锁模器件的光纤端面图像,光诱导方法所获得的石墨烯样品主要集中在光纤端面的纤芯区域。

当完成光诱导石墨烯样品至光纤端面后,通过光纤适配器使含有石墨烯样品的光纤端面与另一根光纤跳线的一端相连接并固定后(如图 3.1(c)所示),即完成对石墨烯可饱和吸收体锁模器件的制备。光诱导法可以通过诱导的时间和泵浦功率的大小来控制沉积在光纤端面上石墨烯的量,具有成本低廉、操作简单等优点。

3.2.2　石墨烯的特性表征

图 3.2(a)为石墨烯的线性吸收曲线。从图中的吸收曲线可以看出,石墨烯在不同波长的吸收谱都很平坦,由此也证明石墨烯对光的吸收是无选择性的,即石墨烯可用于不同波段激光器的锁模。图 3.2(b)为石墨烯的拉曼光谱曲线,入射光的中心波长在 514nm 处。位于 $1581cm^{-1}$ 和 $2723cm^{-1}$ 处的 G 峰和 2D 峰为其典型的特征峰。在 G 峰左侧 $1354nm^{-1}$ 处的 D 峰表明石墨烯样品具有较小的缺陷。

3.2.3　石墨烯调制深度的测量

石墨烯可饱和吸收体调制深度测量的实验装置如图 3.3(a)所示,飞秒激光器为掺铒锁模光纤激光器(Calmar Optcom, FPL-01T femtosecond Er-fiber laser),重复频率为 24.97MHz,脉冲宽度为 220fs。可调谐衰减器用来控制进入耦合器中的功率,进而控制入射到石墨烯饱和吸收体中功率的大小。耦合器输出端的比例为 10∶90,其中的 10%端直接与功率计 1 相连,由此可以通过比例计算出入射到石墨烯可饱和吸收体上的功率。90%端通过石墨烯样品后再与功率计 2 连接,用于测量通过饱和吸收体后的功率,从而进一步计算出石墨烯饱和吸收体的透过率。通过调节衰减器,我们可以获得不同入射功率时石墨烯饱和吸收体的透过率/吸收曲线。在不同入射功率时石墨烯的归一化吸收曲线如图 3.3(b)所示,受限于激光器的最大输出功率,当入射到石墨烯可饱和吸收体上的平均功率为 16.77mW 时,得到石墨烯归一化后的调制深度约为 7.6%。

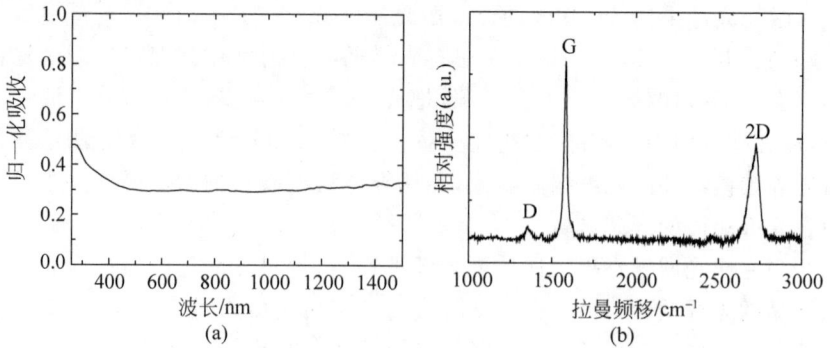

图 3.2　石墨烯的特性表征：(a)线性吸收曲线,(b)拉曼光谱

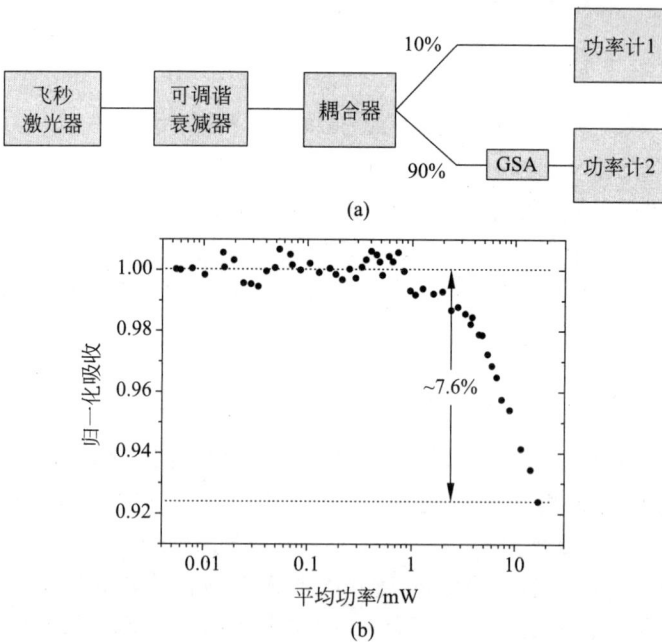

图 3.3　石墨烯调制深度的测量：(a)测量调制深度的装置,(b)调整深度测量曲线

3.3　掺铒光纤激光器的锁模和谐波锁模

　　锁模脉冲在掺铒光纤激光器中的形成是非线性效应、色散效应,以及增益和损耗共同作用的结果。在脉冲形成后,随着激光器泵浦功率的不断提高,激光器中单个脉冲的能量不断增大,由于孤子面积定理[28],脉冲将会发

生分裂成两个或者多个脉冲。考虑两个脉冲的情形,当两个脉冲在激光腔中稳定的存在,彼此间的距离不变,并且它们在时域上的距离等于谐振周期的一半时(即重复频率为基频的 2 倍),此时我们就获得了二阶的谐波锁模(如图 3.4(a)所示)。

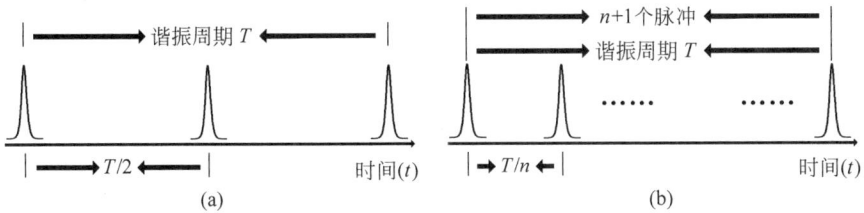

图 3.4 (a)二阶和(b)n 阶谐波锁模时的脉冲序列

随着泵浦功率的进一步增加,激光腔中的脉冲将会进一步分裂,形成更多的脉冲。如果激光腔中均匀的存在着 n 个脉冲,并且每相邻两个脉冲的间距都相同且固定不变,在时域上为基频所对应谐振周期的 $1/n$ 时,我们就得到了 n 阶的谐波锁模,所得到激光器的重复频率为基频的 n 倍(如图 3.4(b)所示)。

所以,我们可以通过谐波锁模的方法来获得高重频的锁模光纤激光器,而高重频的激光器在光学采样等方面有着重要的应用。在本章中,我们将对不同损耗石墨烯样品的锁模和谐波锁模特性进行讨论。

3.3.1 实验装置

基于石墨烯可饱和吸收体的掺铒锁模光纤激光器如图 3.5 所示。泵浦源采用波长为 980nm 的激光二极管,泵浦光通过波分复用器(WDM,980/1550nm)耦合到激光谐振腔中,经过 48 cm 长的掺铒增益光纤(EDF,型号为 LIEKKI 的 Er110-4/125,群速度色散(β_2)为 12ps^2/km,在 1530nm 处的峰值吸收为 110dB/m)。偏振无关的隔离器(PI-ISO)用来确保激光器的单向运行。偏振控制器(PC)通过调节激光腔的双折射来改变激光器的偏振状态,优化激光器的输出特性。石墨烯可饱和吸收体(GSA)与光纤集成,用来实现激光器的锁模。最后由经耦合器的 90% 端流回腔内,10% 端输出用来测量激光器的各项参数。激光器的腔长约为 13.2m,净色散值约为 -0.29ps^2。

实验中用到的测试仪器包括:型号为 Agilent 86142B 的光谱分析仪,光谱的测量范围为 600~1700nm,最小分辨率为 0.06nm,用于检测激光器输出的光谱;型号为 Thorlabs D400FC 带宽 1GHz 光电探测器;型号为

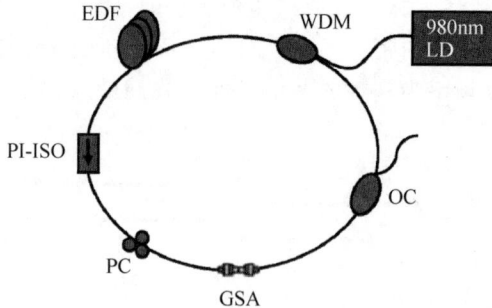

图 3.5　基于石墨烯可饱和吸收体的掺铒锁模光纤激光器

Agilent infiniium DSO80204B 带宽 2GHz,采样率为 40GSa/s 的示波器,用来检测激光器输出的时域特性;型号为 Agilent N9020A-513,测量频率范围为 20Hz～13.6GHz,最小分辨率为 1Hz 的射频(RF)信号分析仪,用来监测激光器输出的 RF 频谱;型号为 FR-103XL,扫描范围 120ps,分辨率<5fs 的自相关仪,用来测量激光器输出脉冲的自相关信息,从而进一步获得激光器的脉冲宽度等信息。

3.3.2　低损耗石墨烯样品的锁模和谐波锁模

3.3.2.1　基频时的锁模特性

　　本实验中,GSA 采用光诱导方法制备。实验中所获得的 GSA 样品,损耗一般在 2～8dB 之间。接下来,我们首先采用在实验室制备的损耗为 2.8dB 的 GSA 样品为例,来说明具有较小损耗的 GSA 样品在激光器中的锁模特性。

　　当泵浦功率为 31mW 时,激光器产生连续激光。进一步增加泵浦功率到 47mW 时,可以实现稳定的自启动锁模脉冲运行,此时激光器输出的平均功率约为 0.12mW。图 3.6(a)为锁模时对应的光谱,中心波长为 1562.02nm,FWHM 为 4.37nm。光谱中的 Kelly 旁瓣表明所得到的锁模光谱为典型的孤子光谱。

　　图 3.6(b)为示波器记录的锁模脉冲序列,脉冲间隔为 63.6ns,对应重复频率为 15.71MHz,与激光器的腔长 13.2m 相对应,表明激光器运行在基频的锁模状态。

　　图 3.6(c)为锁模时输出脉冲的自相关曲线,通过自相关仪测量所得。圆点为实验数据,实线为 sech² 的曲线拟合。通过自相关曲线我们可以算出此

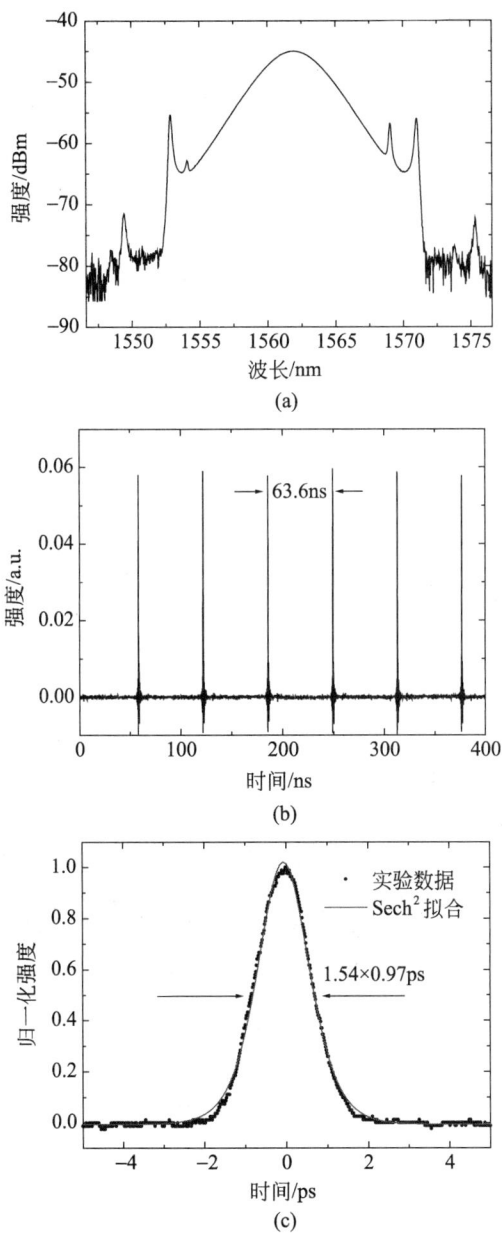

图 3.6　基频锁模时的(a)光谱,(b)脉冲序列和(c)脉冲形状

时的脉冲宽度为 970fs。对应的时间带宽积(TBP)为 0.521,略高于 0.315 的变换极限,表明所得脉冲具有较小的啁啾,此时的单脉冲能量为 7.7pJ。

图 3.7(a)为实验测得在基频 f_1 为 15.71MHz 时,锁模脉冲的 RF 频谱,此时锁模脉冲的重频频率为 15.71MHz,在 2000Hz 范围内的分辨率为 2Hz,63dB 的信噪比(SNR)表明激光器工作在稳定的锁模状态下。图 3.7(b)为在 1GHz 跨度时所测得的 RF 频谱信号,RF 频谱强度在 1GHz 跨度范围内的均匀稳定,再次验证了激光器锁模的稳定性。

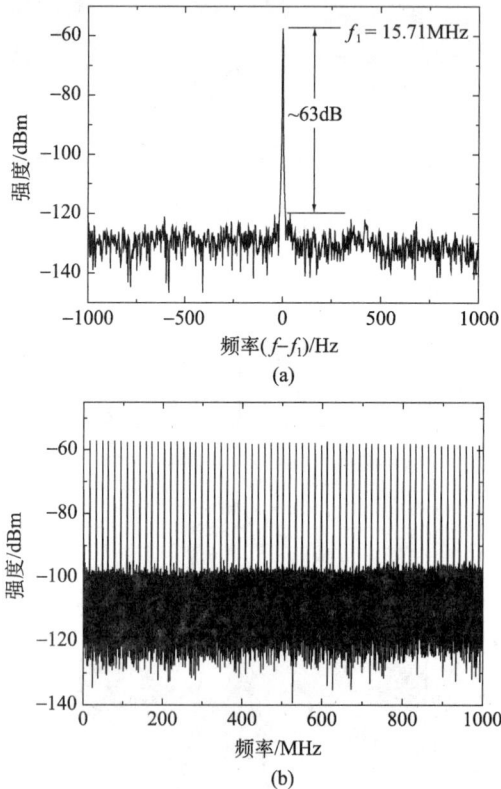

图 3.7　(a)基频时的 RF 频谱,(b)1GHz 跨度时的 RF 频谱

3.3.2.2　谐波锁模特性

随着泵浦功率的进一步增加,激光器将出现多脉冲锁模状态,通过调节 PC,我们很容易获得稳定的谐波锁模运行。当泵浦功率增加到 290mW 时,我们得到了重复频率为 502.84MHz 的谐波锁模。

激光器输出的光谱如图 3.8(a)所示,光谱的中心波长为 1562.26nm,FWHM 为 4.32nm。

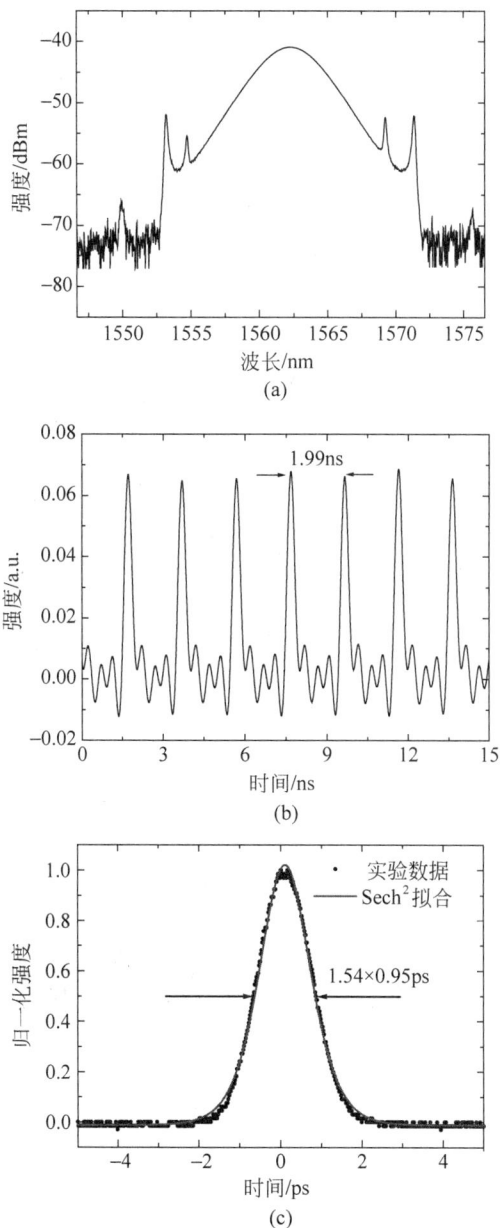

(a)

(b)

(c)

图 3.8　32 阶谐波锁模时的(a)光谱,(b)脉冲序列和(c)脉冲形状

图 3.8(b)为示波器记录的锁模脉冲序列,此时的脉冲间隔为 1.99ns,对应重复频率为 502.84MHz,是基频的 32 倍,表明激光器运行在 32 阶的谐波锁模状态。

图 3.8(c)为谐波锁模时对应脉冲的自相关曲线,圆点为实验数据,实线为 $sech^2$ 的曲线拟合。通过脉冲的自相关曲线我们可以算出此时的脉冲宽度为 950fs。对应的 TBP 为 0.504,略高于 0.315 的变换极限,表明所得脉冲具有较小的啁啾,此时的单脉冲能量为 4.6pJ。

图 3.9(a)为在 32 阶谐波锁模时,锁模脉冲的 RF 频谱,分辨率为 5.1kHz。此时 RF 频谱的重复频率为 502.84MHz,激光器的 SNR 为 67dB,表明激光器工作在稳定的锁模状态。

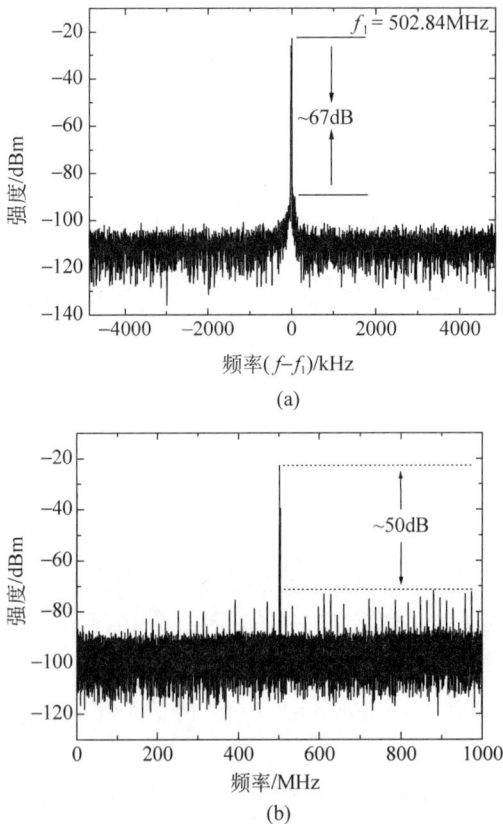

(a)

(b)

图 3.9 谐波锁模时的(a)RF 频谱和(b)SMS

超模抑制(SMS)是衡量激光器谐波锁模稳定性的重要指标,SMS 指的

是谐波锁模时 RF 频谱的强度与其他阶次谐波强度的比值,一般 SMS 的值
达到 30dB 以上就表明激光器处于稳定的谐波锁模状态。图 3.9(b)为在
32 阶谐波锁模时的 RF 频谱信号,在 1GHz 跨度的范围,激光器 RF 频谱的
SMS 大于 50dB,表明激光器工作在稳定的谐波锁模状态。

图 3.10(a)总结了激光器的泵浦功率和输出单脉冲能量与谐波阶次的
关系。随着泵浦功率从 47mW 增加到 290mW,激光器的谐波阶次从基频
增加到 32 阶,输出的单脉冲能量从 7.7pJ 逐渐减小到 4.6pJ。这是因为受
到孤子面积定理的影响,随着泵浦功率的增加,激光器中脉冲的能量不断增
大,当能量达到脉冲能承受的最大限度时,就会产生脉冲分裂,刚分裂时的
脉冲能量会略小于未分裂之前初始脉冲的能量。

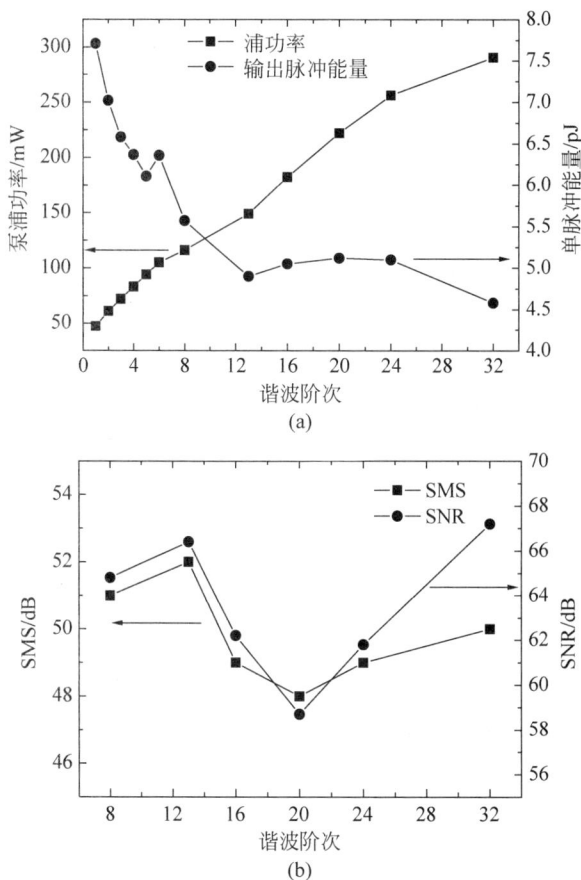

(a)

(b)

图 3.10　不同谐波阶次时的(a)泵浦功率和单脉冲能量,(b)SMS 和 SNR 的变化

图 3.10(b)为在不同谐波阶次时 SNR 和 SMS 的大小。SNR 在 59～67dB 之间波动,而 SMS 基本在 50dB 左右,且与 SNR 的变化趋势相同。对于较高 SNR 的时候,同时也会得到较高的 SMS。所以,提高激光器的 SNR,有助于我们获得较高 SMS 的谐波锁模。

需要指出的是,在此过程中,激光器谐波锁模的阶次可以连续增加。我们在一段时间内对激光器的输出功率进行连续监测,激光器输出功率的变化只有微小的±0.02dB。对于所有的谐波阶次,激光器的运行具有较高的稳定性,在无人看管的情况下,可以连续稳定的工作。

当进一步增加泵浦功率到 325mW,以便获得更高的谐波锁模阶次时,不管我们如何调节 PC,激光器将不再锁模。当把泵浦功率降为零并重新开启后,通过调节 PC,虽然可以得到锁模或者多脉冲锁模的结果,但激光器的锁模阈值会有所增加,并且无法获得稳定的谐波锁模的状态。

不同 GSA 样品的多次实验结果表明,当泵浦功率达到某一较高值的时候,实验中用到的本来可以很好实现谐波锁模的 GSA 样品,不再具备可以实现稳定谐波锁模的能力,锁模性能变差,并且激光器锁模的阈值也所有增加。因此,我们推算部分的石墨烯样品已经被高功率的激光辐射所损坏。此外,我们重新测量了这个石墨烯锁模器件的拉曼光谱。在图 3.11 中,我们可以看到其 D 峰的强度相比于之前有所增强,表明了石墨烯样品的缺陷变大,所以也验证了石墨烯样品在高功率激光辐射下的部分损坏。虽然在重新开启泵浦功率后,激光器仍然可以工作在基频锁模或者多脉冲锁模的状态,但其锁模的能力变差,锁模的稳定性和激光器的输出特性也不如之前的好。

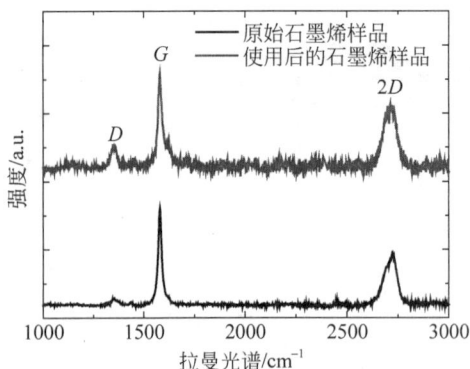

图 3.11　石墨烯原始样品和经过高功率光辐射后的拉曼光谱

3.3.3　高损耗石墨烯样品的锁模和谐波锁模

3.3.3.1　基频时的锁模特性

前面我们提到,对于不同插入损耗的 GSA 样品,其锁模特性也会有差异,多次的实验结果表明,只要 GSA 样品的插入损耗小于 8dB,激光器就可以获得稳定的锁模脉冲输出。为此,接下来我们以实验室制备的损耗为 6.7dB的 GSA 样品为例,分析在 GSA 样品具有损耗较大时激光器的锁模特性。

对于此时的激光器,由于 GSA 样品的插入损耗较大,所以当泵浦功率为67mW 时,激光器才产生连续激光。进一步增加泵浦功率到 84mW 时,激光器可以实现稳定的自启动锁模脉冲,此时激光器输出的平均功率约为 0.23mW。图 3.12(a)为激光器锁模时对应的光谱,中心波长为 1558.14nm,FWHM

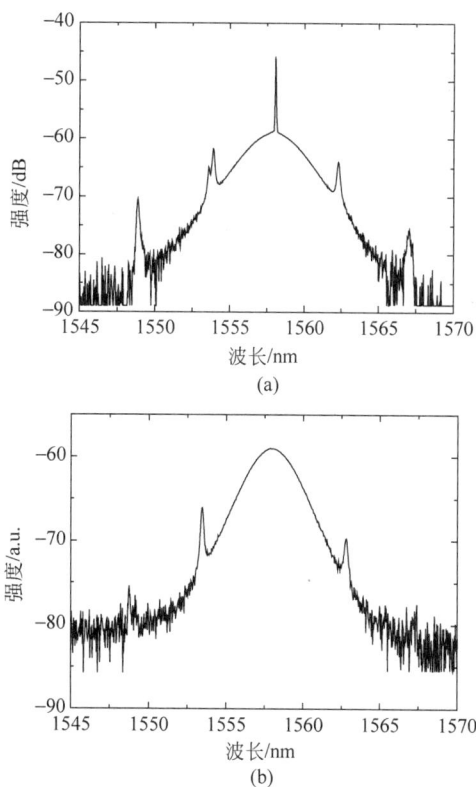

(a)

(b)

图 3.12　基频锁模时的光谱:(a)光谱中含有连续激光的分量,
(b)调节 PC 至光谱中不含连续激光的分量

为 3.47nm。光谱中两边对称的 Kelly 旁瓣表明所得到的锁模光谱为典型的孤子光谱。此外,在图中可以看出,中心波长附近有一个较强的尖峰,表明光谱中有连续激光分量存在。通过调节 PC,我们可以减小或抑制连续激光的出现(如图 3.12(b)所示),此时光谱的中心波长在 1557.97nm 处,FWHM 为 3.15nm。但在每次锁模的过程中,总是不时会有连续激光分量的出现。

图 3.13(a)为示波器记录的锁模脉冲序列,脉冲间隔为 63.5ns,对应重复频率为 15.75MHz,与激光器的腔长 13.2m 相对应,表明激光器运行在基频的锁模状态。

图 3.13(b)为锁模时对应脉冲的自相关曲线。在自相关曲线中,我们可以算出此时的脉冲宽度为 980fs,对应的 TBP 为 0.382,略高于 0.315 的变换极限,表明所得脉冲具有较小的啁啾,此时激光器输出的单脉冲能量为 5.5pJ。

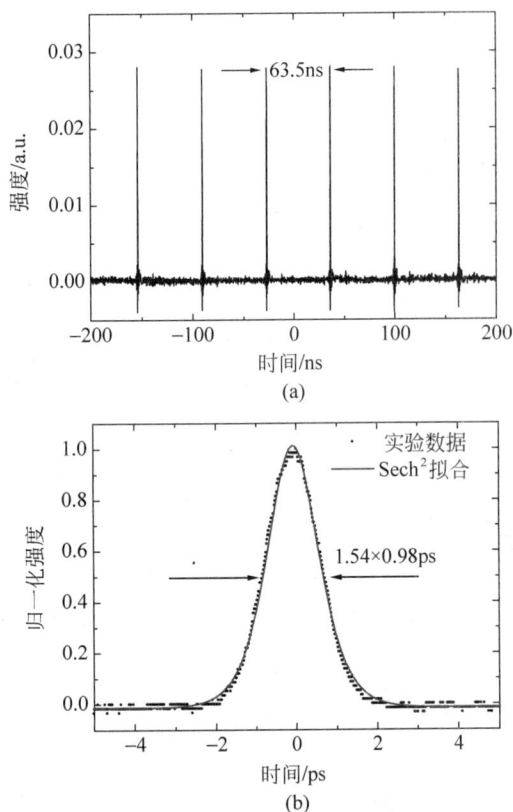

图 3.13　基频锁模时的(a)脉冲序列,(b)脉冲形状和(c)RF 频谱

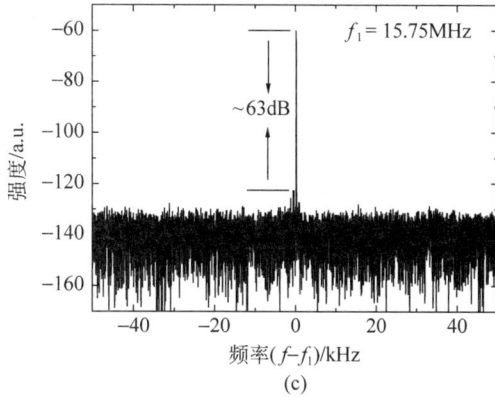

图 3.13(续)

图 3.13(c)为实验测得的在基频为 15.75MHz,跨度为 100kHz 时脉冲的 RF 频谱,此时 RF 频谱的分辨率为 10Hz。63dB 的 SNR 表明激光器工作在稳定的锁模状态下。

3.3.3.2　谐波锁模特性

随着泵浦功率的进一步增加,激光器将工作在多脉冲锁模的状态。通过仔细调节 PC,我们可以得到稳定的谐波锁模。当泵浦功率为 341mW 时,激光器将工作在高阶谐波锁模的状态。此时的光谱如图 3.14(a)所示,中心波长为 1557.93nm,FWHM 为 3.78nm,在光谱的中心波长附近同样有一个较强的尖峰,表明激光器中存在着连续激光的分量。我们同样可以通过调节 PC 的方法来减小或抑制此连续激光分量的出现,但获得的谐波锁模的状态也会发生变化。

图 3.14(b)为示波器记录的锁模脉冲序列,每个脉冲的间隔为 2.44ns,对应重复频率为 409.63MHz,是基频的 26 倍,表明激光器运行在 26 阶的谐波锁模状态。

图 3.14(c)为在 26 阶谐波锁模时脉冲的自相关曲线。从自相关曲线中我们可以计算出此时的脉冲宽度为 990fs,对应的 TBP 为 0.463,略高于 0.315 的变换极限,表明所得脉冲具有较小的啁啾,此时的单脉冲能量为 3.6pJ。

图 3.15(a)为激光器在 26 阶谐波锁模时锁模脉冲的 RF 频谱,此时 RF 频谱的重复频率为 409.63MHz,分辨率为 2kHz,激光器输出脉冲的 SNR 为 68dB,表明激光器处于稳定的锁模状态。

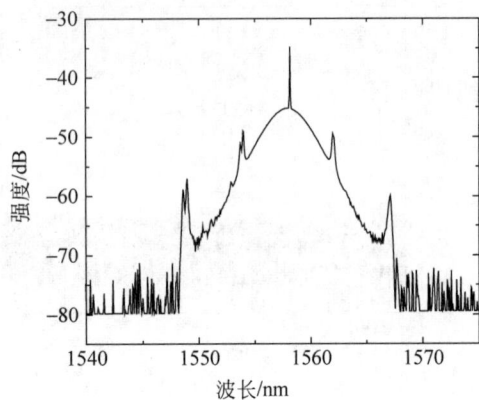

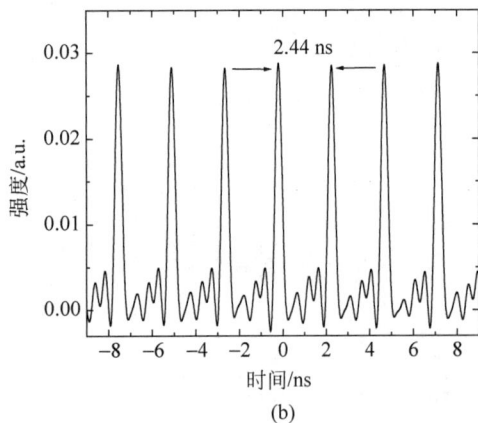

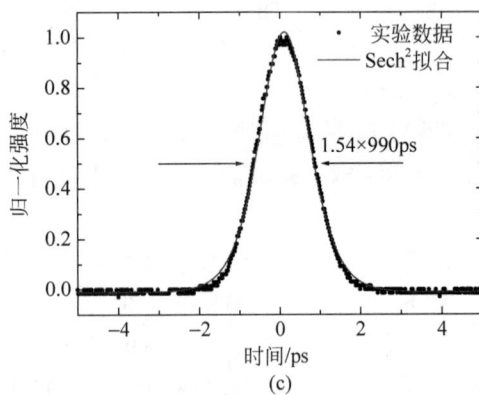

图 3.14　26 阶谐波锁模时的(a)光谱,(b)脉冲序列和(c)脉冲形状

图 3.15(b)为在 800MHz 跨度时的 RF 频谱,此时的重频频率同样为 409.63MHz,分辨率为 20kHz。从图中我们可以看出,此时 RF 频谱的 SMS 大于 42dB,表明激光器工作在稳定的谐波锁模状态。

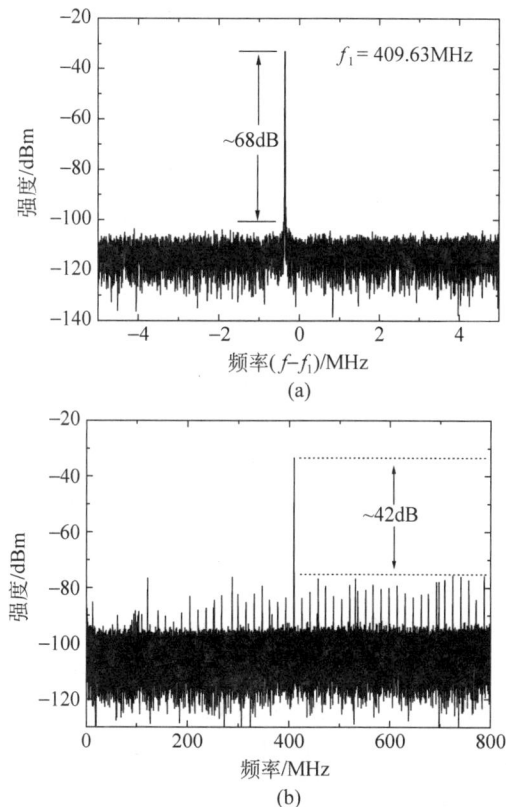

图 3.15　谐波锁模时的(a)RF 频谱和(b)SMS

继续增加泵浦功率,激光器的输出特性与之前描述的低插入损耗的 GSA 样品类似,即激光器虽然可以工作在锁模或者多脉冲锁模的状态,但不再能获得稳定谐波锁模,表明 GSA 样品在较高激光功率的辐射下已部分损坏。

3.4　本 章 小 结

在本章中,首先介绍了如何用光诱导法获得石墨烯的锁模器件,然后测量了石墨烯样品的非线性吸收和拉曼光谱,给出了测量石墨烯调制深度的实验装置，并测量了石墨烯的调制深度。

接下来重点介绍了石墨烯在掺铒光纤激光器中的锁模和谐波锁模。通过多次的实验表明，不同损耗石墨烯锁模器件的锁模性能略有差异，一般只要石墨烯样品的损耗在 $2\sim8$dB 之间，都可以实现激光器的锁模。对于低损耗(2.8dB)石墨烯的样品，在泵浦功率为 47mW 时，激光器可以实现稳定的自启动锁模脉冲输出，此时的中心波长在 1562.02nm 处，FWHM 为 4.37nm，脉冲的宽度为 970fs，输出的单脉冲能量为 7.7pJ。当泵浦功率增加到 290mW 时，我们可以得到重复频率为 502.84MHz 的 32 阶谐波锁模，此时我们获得的 SMS 高达 50dB。光谱的中心波长在 1562.26nm 处，FWHM 为 4.32nm，脉冲宽度为 950fs，对应的单脉冲能量为 4.4pJ。此外，还总结了谐波阶次与泵浦功率和输出单脉冲能量的关系，以及谐波阶次与 SMS 和 SNR 的关系。

对于高损耗(6.7dB)石墨烯的样品，在泵浦功率为 84mW 时，激光器可以实现稳定的自启动锁模脉冲输出，中心波长在 1558.14nm 处，FWHM 为 3.47nm，脉冲宽度为 980fs，对应单脉冲能量为 5.5pJ。当泵浦功率增加到 341mW 时，我们可以得到重复频率为 409.63MHz 的 26 阶谐波锁模。此时光谱的中心波长在 1557.93nm 处，FWHM 为 3.78nm，脉宽为 990fs，单脉冲能量为 3.6pJ，SMS 大于 40dB。

对比低损耗和高损耗两种情况下的锁模结果我们可以发现，低损耗的石墨烯样品更有利于激光器的锁模和谐波锁模，锁模后的输出特性也更好。在高损耗石墨烯样品的锁模时，激光器输出的光谱中不时会伴有连续激光的分量。虽然通过调节 PC 可以抑制连续激光的出现，但连续激光分量的产生总是会伴随在锁模的过程中，并且高损耗石墨烯样品的锁模阈值也相对较高。但无论对于哪种样品，当泵浦功率增加到一定值后，激光器将不再锁模。这主要是由于过高功率的光辐射对石墨烯样品造成了损伤，虽然在关掉泵浦并重新启动后，我们仍然可以得到基频锁模和多脉冲锁模的结果，但我们很难获得稳定的谐波锁模状态，并且锁模效果也不如之前的好。

所以，如果我们想要获得重复频率更高的高阶谐波锁模的结果，除了通过缩短激光器的腔长外，还可以降低激光器自身的损耗和石墨烯样品的损耗，以此来降低激光器的锁模阈值，这样在相同泵浦功率的条件下，激光器就会得到更高阶次的谐波锁模。

第4章 石墨烯在铥钬共掺
光纤激光器中的纳秒脉冲锁模

4.1 引　　言

由于在 $2\mu m$ 波段的掺铥光纤激光器具有高的输出功率和转换效率,并且波段位于透过率较好的"大气窗口"等特性,所以在科研中一直有着巨大的吸引力。目前,$2\mu m$ 波段在生物医学、材料处理、遥感和国防等领域有着广泛的应用。例如,在医学上,$2\mu m$ 波段可以作为人眼的高精度手术刀。此外,$2\mu m$ 波段还在激光武器中也有着潜在的优势,尤其在防空、光电对抗和激光雷达等领域有着广阔的应用前景。但无论在哪方面的应用,都需要较高的激光能量输出,因此,如何在 $2\mu m$ 波段获得高脉冲能量的输出就显得尤为重要。通常,在掺铥光纤激光器中,激光器输出的单脉冲能量往往不会很高,一般都不会高于 $1nJ^{[124,156]}$。但是,对于具有较长腔结构的激光器来说,由于腔中具有较大的啁啾,往往可以获得较高单脉冲能量的纳秒锁模脉冲输出[249,250]。

因此,本章基于石墨烯作为锁模器件,研究了在腔长较长时铥钬共掺光纤激光器中的纳秒脉冲锁模现象。第3章利用光诱导的方法来实现石墨烯在光纤端面的沉积,虽然操作简单、成本低、可灵活控制沉积量,但其制备效率比较低,无法大批量的制备。相对于光诱导法,采用 CVD 法所制备的石墨烯薄膜的样品与光纤集成,兼具质量好和效率高的特点,并且具有更高的光损伤阈值。因此,本章利用基于 CVD 法所制备的石墨烯薄膜样品并与光纤集成,应用于铥钬共掺光纤激光器的锁模。

本章首先介绍了 CVD 法制备石墨烯的过程(石墨烯样品由清华大学材料学院提供),对石墨烯的特性进行了表征。通过改变激光腔的结构(即腔中含有不同长度的普通单模光纤),研究了在较长的谐振腔时激光器的输出特性,实现了在波段铥钬共掺光纤激光器中的纳秒脉冲输出,并总结了腔长和泵浦功率对激光器输出特性的影响。

4.2　化学气相沉积法获得的石墨烯样品及其特性表征

4.2.1　石墨烯的制备及与光纤的集成

本实验中用到的石墨烯薄膜样品通过 CVD 方法获得[225]，制备的过程如图 4.1 所示。首先把铜箔置于充满甲烷的高温（1000℃）气室内，铜箔作为基底用于接下来碳原子在铜箔上的沉积。在高温的作用下，甲烷发生裂解，碳原子开始沉积在铜基底的上面。接下来通过在铜基底表面的吸附和结晶来制备石墨烯的薄膜，由于铜金属与碳原子不相容，所以在石墨烯沉积生长的过程中，铜的基底主要起类似催化剂的作用。经过一段时间（15～30分钟）的沉积后，当石墨烯薄膜层形成并完全覆盖了基底的表面之后，会阻碍后续碳原子在铜基底上的继续沉积与生长。所以，我们可以通过控制相关的参数，得到单层或者层数较少的石墨烯薄膜样品。当碳原子沉积到铜箔上形成石墨烯薄膜后，我们就可以把含有石墨烯的铜箔从气室内取出，再刻蚀掉铜的基底，就可以得到石墨烯薄膜。

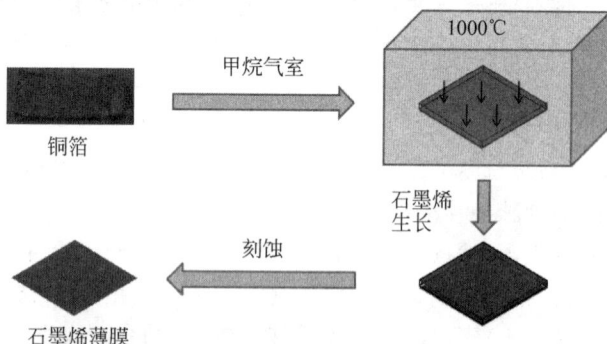

图 4.1　CVD 法制备石墨烯的过程（石墨烯样品由清华大学材料学院提供）

石墨烯薄膜与光纤集成的具体过程为：首先把用 CVD 法制备的石墨烯薄膜转移到去离子水中，然后用干净的光纤跳线蘸取石墨烯薄膜至光纤端面，并在干燥灯下持续光照 5～10 分钟以烘干石墨烯和光纤跳线上的水分，最后把含有石墨烯薄膜样品的光纤跳线通过光纤适配器与另一根干净的光纤跳线连接，即完成石墨烯薄膜与光纤的集成。

4.2.2　石墨烯的特性表征

图 4.2(a)为石墨烯薄膜透射电子显微镜(TEM)的图像,从图中可以看出,石墨烯样品为多层结构(5~6 层)。图 4.2(b)为石墨烯薄膜在铜基底上的扫描电子显微镜(SEM)图像,在石墨烯薄膜的表面可以看到褶皱的存在,尽管石墨烯样品具有多晶的特征,但它具有很好的完整性和连续性。图 4.2(c)为石墨烯样品的拉曼光谱,在 1584cm^{-1} 和 2698cm^{-1} 处的 G 峰和 2D 峰为石墨烯所具有的特征峰。在 1350cm^{-1} 处的 D 峰表明石墨烯样品具有微小的缺陷。虽然 G 峰和 2D 峰强度的比值为单层石墨烯的结果,但是,由于本石墨烯薄膜的样品不同于多层石墨烯的简单叠加,每层之间保持了单层石墨烯良好的完成性,致使层与层之间存在着解耦和的作用[12,251],所以样品的拉曼光谱显示出单层石墨烯的特性。

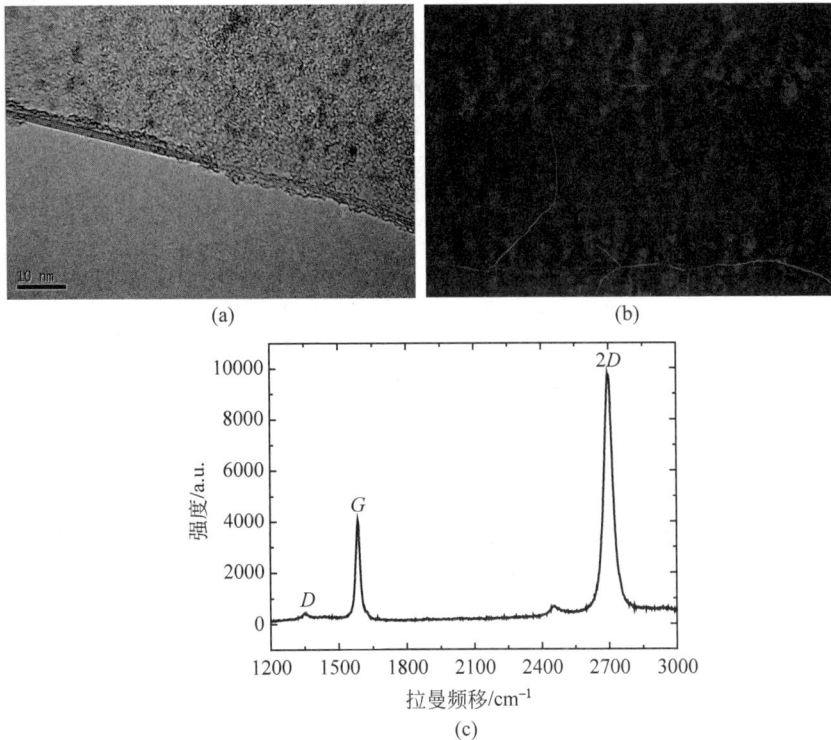

图 4.2　石墨烯样品的(a)TEM,(b)SEM 和(c)拉曼光谱
(原始数据由清华大学材料学院提供)

4.3　铥钬共掺光纤激光器的纳秒脉冲锁模

4.3.1　实验装置

如图 4.3 为基于石墨烯的铥钬共掺锁模光纤激光器:泵浦源采用波长为 1570nm 的 Santec MLS-8100 连续激光器,并通过掺铒光纤放大器(EDFA,Keopsys KPS-BT2-C-SP)放大后由 WDM(1550/1950nm)耦合到激光谐振腔中;增益光纤为铥钬共掺光纤(THDF,TH512,在 1570nm 处的峰值吸收为 23dB/m,群速度色散为 $-55\mathrm{ps}^2/\mathrm{km}$);偏振无关的隔离器(PI-ISO)用来确保激光器的单向运行;50:50 耦合器输出的一端用来测量激光器的各项参数,另一端反馈回腔内,以保证腔内有足够的增益;石墨烯可饱和吸收体(GSA,插入损耗为 1.7dB)与光纤集成,用来实现激光器的锁模;偏振控制器(PC)通过调节激光腔的双折射来改变激光器的偏振状态,优化激光器的输出特性;一段普通单模光纤(SMF-28)用来增加激光器的净负色散,以便在激光器中获得较高能量的纳秒脉冲锁模。

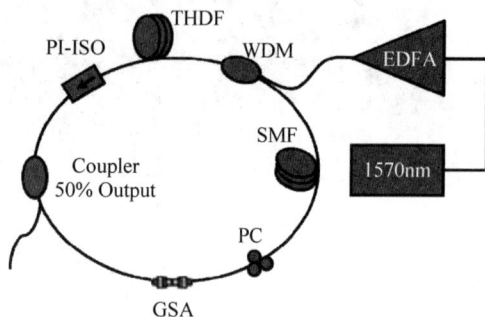

图 4.3　铥钬共掺光纤激光器的结构示意图

实验中用到的测试仪器包括:型号为 Yokogawa AQ6375(用于纳秒脉冲锁模光谱的测量)和 APE WaveScan(用于皮秒量级锁模光谱的测量)的光谱仪,光谱测量范围分别为 1200～2400nm 和 1000～2600nm,最小分辨率分别为 0.05nm 和 0.5nm,用于检测铥钬共掺(2μm)激光器的输出光谱;带宽 1GHz 的 2μm 高速光电探测器(型号为 KG-PR-1G)和型号为 Agilent infiniium DSO80204B 带宽为 2GHz,采样率为 40GSa/s 的示波器,用来检测激光器输出脉冲的时域特性;型号为 Agilent N9020A-513,测量频率范围为 20Hz～13.6GHz,最小分辨率为 1Hz 的射频(RF)信号分析仪,用来监测激光器输出的 RF 频谱。

4.3.2　腔中含有 100m 长普通单模光纤时的锁模

首先,我们选取普通单模光纤的长度为 100m,此时激光器的腔长约为 114m,净色散值约为 −7.68ps^2。当泵浦功率为 288mW 时,激光器产生连续激光。进一步增加泵浦功率到 580mW 时,通过调节 PC,激光器可以实现稳定的单脉冲的锁模输出,此时的输出功率为 3.5mW。

图 4.4(a)为激光器锁模时的输出光谱,由于光谱仪 APE WaveScan 记录的是光谱强度的相对数值,所以我们在纵轴中并没有给出具体坐标。此时光谱的中心波长在 1909.7nm 处,FWHM 为 3.8nm,光谱中的 Kelly 旁瓣表明所得光谱为孤子光谱。

图 4.4(b)为示波器记录的锁模脉冲序列,脉冲间隔为 549ns,重复频率

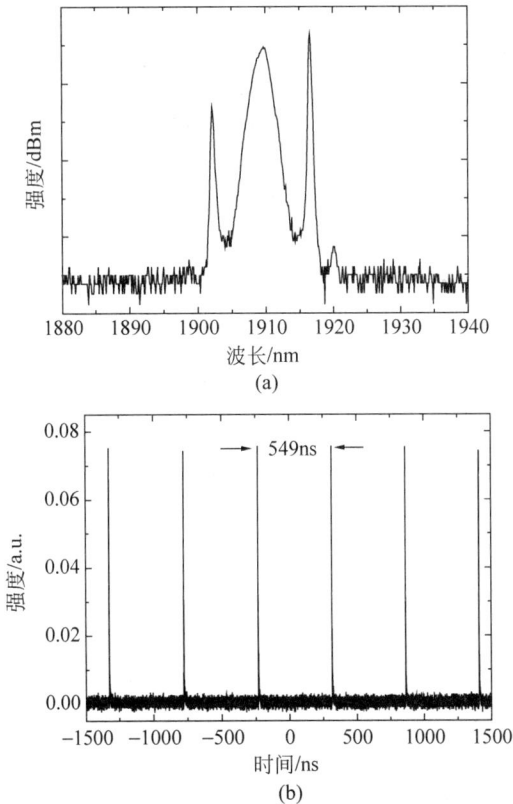

(a)

(b)

图 4.4　锁模时的(a)光谱,(b)脉冲序列和(c)RF 频谱

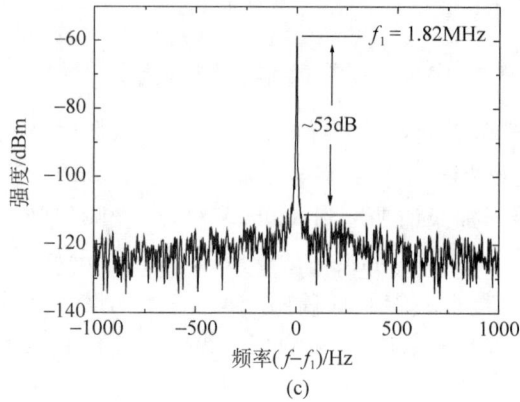

图 4.4(续)

为 1.82MHz,对应于腔长 114.15m,表明激光器运行在基频的锁模状态,此时输出的单脉冲能量为 1.9nJ。之前我们已经提到,由于实验中测量脉冲宽度的自相关仪(FR-103XL)测量波段的范围在 410～1800nm,而铥钬共掺锁模激光器的输出的中心波长在 1910nm 处,所以无法用自相关仪测量实验中锁模脉冲的宽度。同样,基于激光器工作在负色散的孤子锁模状态,考虑所得脉冲的形状为双曲正割函数,在不考虑啁啾的前提下,由脉冲 TBP 的变换极限(0.315),我们可以反推出所得锁模脉冲的宽度约为 1ps。

图 4.4(c)为在基频 1.82MHz 处测得锁模脉冲的 RF 频谱,此时 RF 频谱的跨度为 2000Hz,分辨率为 2Hz,53dB 的 SNR 表明激光器工作在稳定的锁模状态下。

随着泵浦功率的进一步增加,激光器将会工作在多脉冲锁模的状态。图 4.5(a)和(b)为两种不同状态的多脉冲锁模结果。通过调节 PC,我们还可以获得不同阶次的谐波锁模如图 4.6 所示。例如,图 4.6(b)和(d)中的重复频率分别为 7.27MHz 和 19.9MHz,是基频的 4 倍和 11 倍,分别对应于 4 阶和 11 阶的谐波锁模。它们对应的光谱如图 4.6(a)和(c)所示,中心波长分别为 1909.6nm 和 1908.8nm,FWHM 为 3.8nm 和 4.7nm。

多次的实验表明,随着泵浦功率的进一步提高,激光器将工作在纳秒脉冲的锁模状态。当激光器的泵浦功率高于 720mW 时,通过调节 PC,我们可以获得稳定的纳秒脉冲锁模输出。

图 4.7(a)为泵浦功率在 720mW,激光器实现纳秒锁模时的输出光谱。对比此时的光谱和之前皮秒脉冲锁模时的光谱我们可以发现,纳秒脉冲锁

(a)

(b)

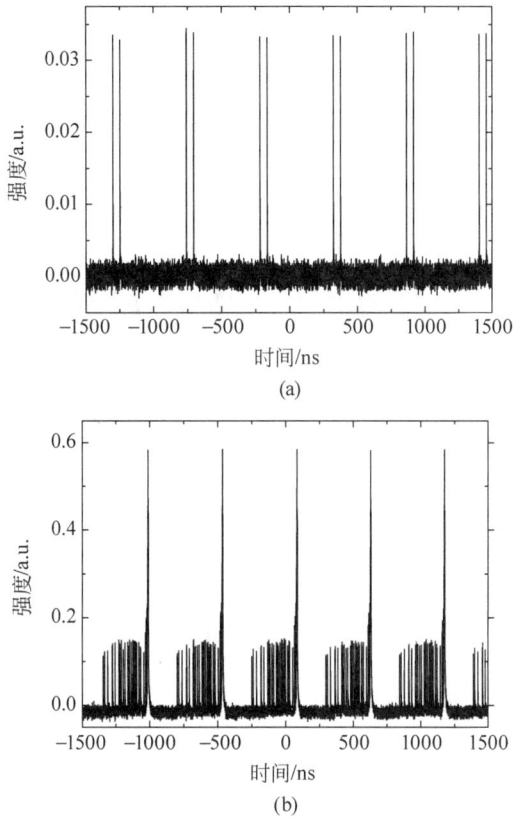

图 4.5　多脉冲锁模的脉冲序列:(a)双脉冲,(b)多脉冲

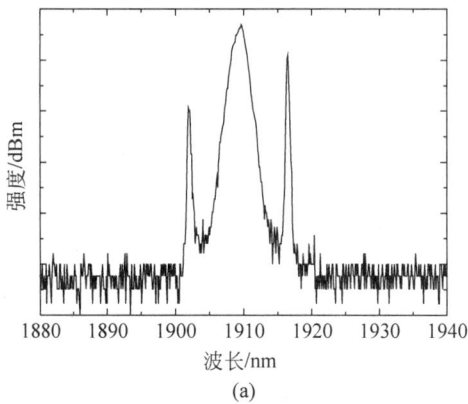

(a)

图 4.6　4 阶谐波锁模时的(a)光谱和(b)脉冲序列,11 阶谐波锁模时的(c)光谱和(d)脉冲序列

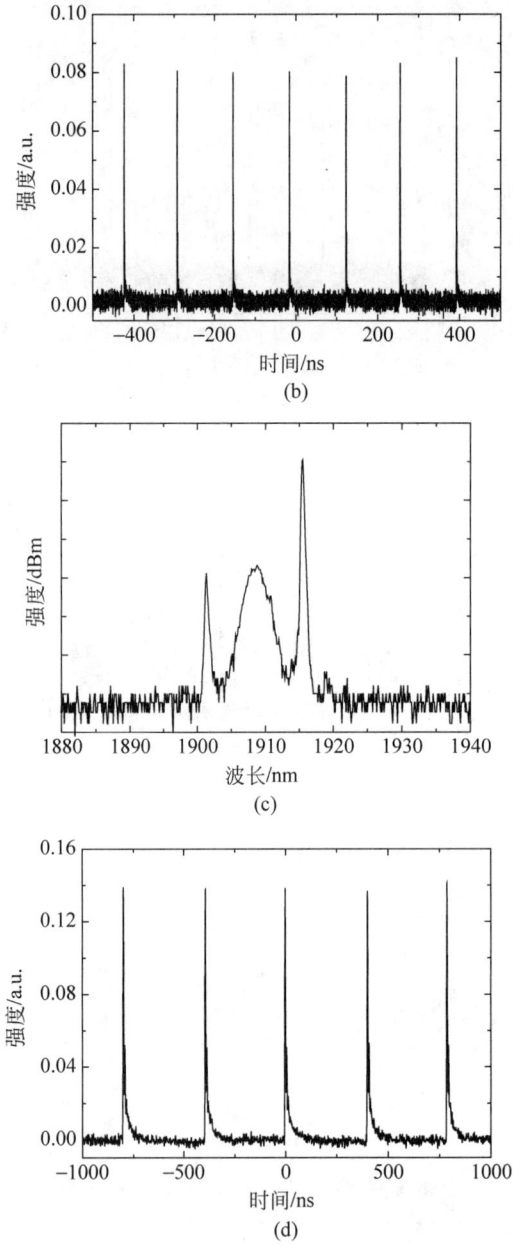

(b)

(c)

(d)

图 4.6(续)

模时的光谱宽度远小于皮秒锁模时的谱宽。为此,我们选择分辨率(0.05nm)更高的光谱仪 Yokogawa AQ6375 来测量其光谱的宽度。此时光谱的中心波长在 1901.84nm 处,FWHM 为 0.27nm。光谱中的 Kelly 旁瓣表明所得光谱为孤子光谱,此时激光器的输出功率为 5.6mW。

图 4.7(b)为示波器记录的锁模脉冲序列,脉冲间隔为 549ns,对应重复频率为 1.82MHz,与腔长 114m 相对应,表明激光器运行在基频的锁模状态。由于输出的脉冲宽度为纳秒量级,而示波器和光电探测器的带宽分别为 2GHz 和 1GHz,所以对于纳秒量级的脉冲宽度可以在示波器上直接读出,此时的脉冲宽度为 71ns,输出的单脉冲能量为 3.1nJ。

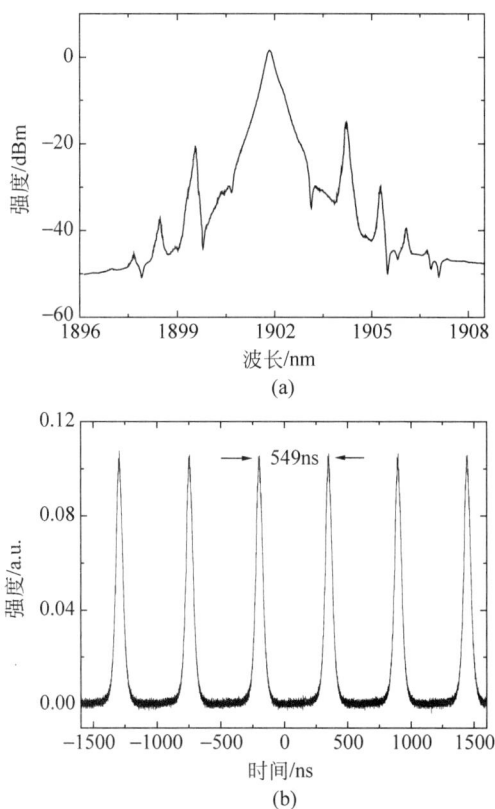

图 4.7　纳秒脉冲锁模时的(a)光谱和(b)脉冲序列

随着泵浦功率的进一步增加,激光器将持续工作在基频的纳秒脉冲锁模状态,并且输出的单脉冲能量将进一步增大。

图 4.8(a)为泵浦功率在 1120mW,激光器锁模时的输出光谱。此时光谱的心波长为 1908.25nm,FWHM 为 0.26nm,光谱中不同位置的凹陷是

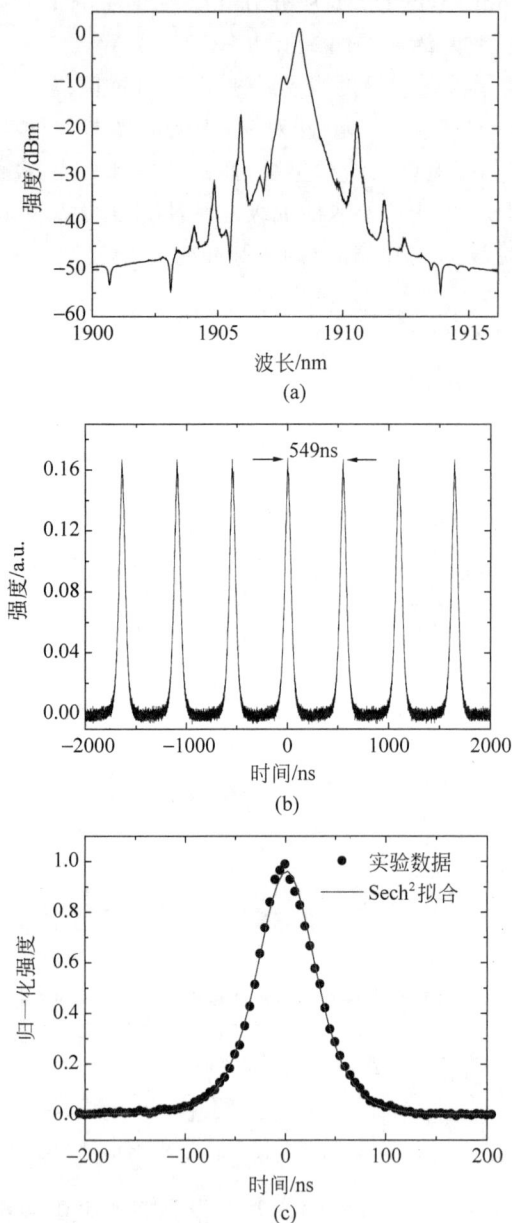

(a)

(b)

(c)

图 4.8 纳秒脉冲锁模时的(a)光谱,(b)脉冲序列,(c)脉冲形状和(d)RF 频谱

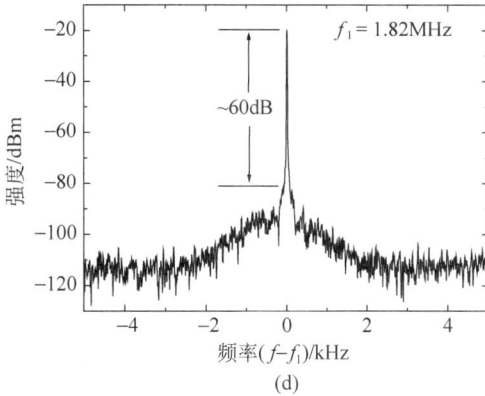

图 4.8(续)

由于掺铥光纤的内在吸收和分子谐振所致[144,252-254]。图 4.8(b)为示波器记录的锁模脉冲序列,549ns 的脉冲宽度与基频 1.82MHz 相对应。图 4.8(c)为输出脉冲的形状,此时的脉冲宽度为 65ns,输出的单脉冲能量为 16.2nJ。图 4.8(d)为在基频 1.82MHz 处测得的 RF 频谱,此时 RF 频谱的分辨率为10Hz,60dB 的 SNR 表明激光器工作在稳定的锁模状态下。

4.3.3　腔中含有 200m 长普通单模光纤时的锁模

本节中,我们选取普通单模光纤的长度为 200m,此时激光器的腔长约为 213m,净色散值约为 -14.43ps^2。当泵浦功率为 300mW 时,激光器出现连续激光,当泵浦功率增加到 590mW 时,激光器可以实现锁模。与上一节激光腔中单模光纤的长度为 100 时类似,激光器首先是工作在皮秒量级的单脉冲锁模状态,随着泵浦功率的进一步增加时,激光器可以工作在多脉冲锁模或谐波锁模的状态。多次实验表明,当泵浦功率大于 760mW 时,通过调节 PC,激光器可以实现稳定的纳秒锁模脉冲输出。

图 4.9(a)为泵浦功率在 1120mW 时,激光器锁模时所对应的输出光谱,中心波长为 1897.69nm,FWHM 为 0.23nm。图 4.9(b)为示波器记录的锁模脉冲序列,1037ns 的脉冲间隔对应重复频率为 0.964MHz,与腔长213m 相对应,表明激光器工作在基频的锁模状态。图 4.9(c)为输出脉冲的形状,此时的脉冲宽度为 122ns,输出的单脉冲能量高达 35.2nJ。图 4.9(d)为在基频 0.964MHz 时的 RF 频谱,此时 RF 频谱的跨度为 2000Hz,分辨率为 2Hz,67dB 的 SNR 表明激光器工作在稳定的锁模状态下。

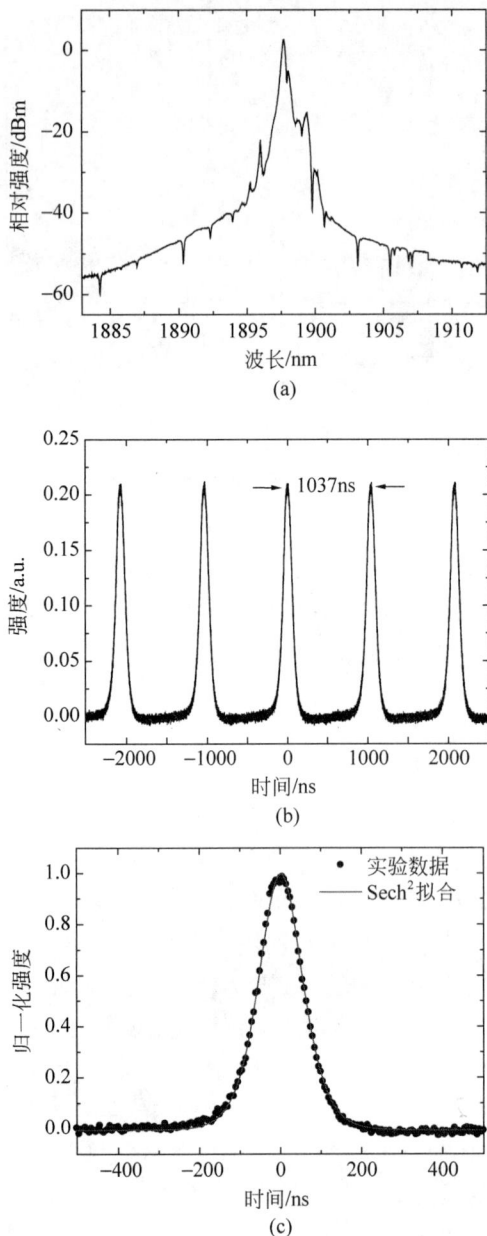

图 4.9　纳秒脉冲锁模时的(a)光谱,(b)脉冲序列,
　　　　(c)脉冲形状和(d)RF 频谱

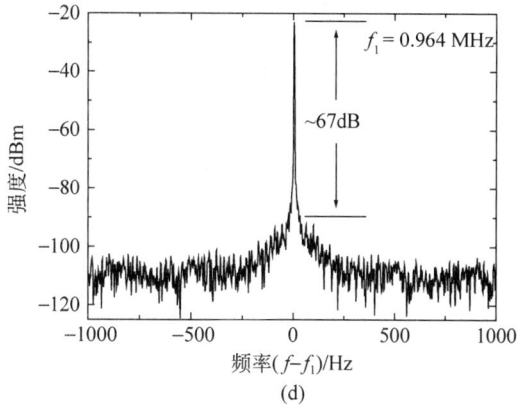

(d)

图 4.9（续）

4.4　腔长和泵浦功率对激光器输出特性的影响

4.4.1　腔长对激光器输出特性的影响

实验表明,当在激光腔选取不同长度的普通单模光纤时,我们可以得到相似的锁模过程以及纳秒脉冲的锁模结果,即对于不同腔长的激光器,激光器具有相似的输出特性。

为此,我们在相同泵浦功率的条件下(1120mW),总结了激光腔中选取不同长度的普通单模光纤时,激光器输出的脉冲宽度和单脉冲能量的变化。在图 4.10 中,单模光纤的长度分别为 50,100,150,200m 和 250m,对应腔

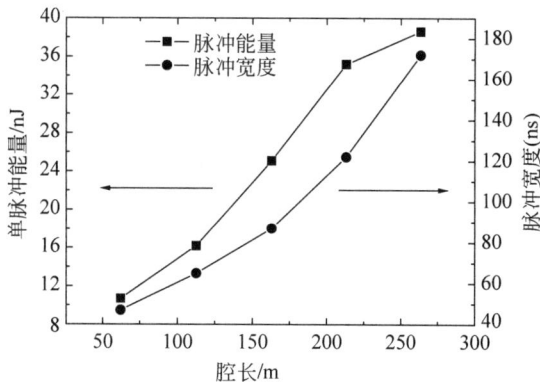

图 4.10　不同腔长时激光器输出的单脉冲能量和脉冲宽度的变化

长从 62～263m 变化。在不同腔长时,激光器输出的光谱和脉冲形状与上一小节中类似,通过调节 PC,光谱的中心波长可以在一定范围内变化。在此过程中,激光器输出的脉冲宽度从 47ns 增加到 172ns,单脉冲能量从 10.7nJ 增加到 38.6nJ。这是因为随着激光器腔长的增加,腔中的净色散增大,所产生的啁啾也随之变大,故输出脉冲的宽度不断增加,脉冲所具有的能量也相应变大。随着激光器腔长的增加,激光器锁模和产生纳秒脉冲的阈值略有增加。这主要是由于随着腔中普通单模光纤长度的不断增加,$2\mu m$ 波段的信号光在普通单模光纤中的传输略有损耗所致。

纳秒脉冲的形成通常是因为激光腔中存在较大的啁啾所致。对于我们搭建的 $2\mu m$ 铥钬共掺光纤激光器而言,单模光纤在 $2\mu m$ 处表现为反常色散,由于激光器的腔长较长,故腔中具有较大的反常色散。当脉冲在激光器中形成后,随着脉冲在光纤中的传输,腔中较大的反常色散致使脉冲不断积累负啁啾,导致脉冲的宽度不断增大,从而产生纳秒量级的锁模脉冲,并且随着腔长的增加,脉冲的宽度会进一步增大。

对于具有较大啁啾的纳秒脉冲,脉冲形状、光谱形状和 RF 频谱的 SNR 是判断激光器锁模的必要条件,但仍然不够充分,只有通过脉冲的压缩才能够充分说明锁模。在 $2\mu m$ 波段实现对于脉冲的压缩难度较大,这主要是因为目前在市场上很难买到在 $2\mu m$ 波段具有正常色散的光纤或者光栅来平衡脉冲中的反常色散。随着人们对 $2\mu m$ 波段研究的不断深入,相信很快会有为此波段专门设计的具有正常色散的光纤,以用来实现对脉冲的压缩。

需要指出的是,当我们把普通单模光纤的部分从激光器中去掉时,无论我们如何调节 PC 和增加泵浦功率,我们始终不能获得纳秒的锁模脉冲输出,即纳秒脉冲的锁模只在具有较长腔长的激光器中才会得到。类似的,在文献[249,250]中,纳秒脉冲锁模同样发生在具有长激光谐振腔的光纤激光器中。这是由于在较长腔的激光器中通常具有较大的净色散,而大的色散和长的传输距离更有利于脉冲能量的累积,最终形成较高能量的纳秒脉冲输出。但无论在激光腔中有没有普通单模光纤的部分,当我们把石墨烯从腔中去掉时,激光器将不能锁模。

4.4.2 泵浦功率对激光器输出特性的影响

在此部分内容中,以激光器中含有 200m 长的普通单模光纤为例,我们总结了在获得纳秒脉冲锁模之后,随着泵浦功率的增加,激光器的光谱、脉冲序列、脉冲宽度和能量的变化。

图 4.11(a)为不同泵浦功率时的输出光谱,当泵浦功率从 760mW 增加到 1120mW 时,光谱的中心波长由 1930.27nm 蓝移到 1897.69nm,所对应的 FWHM 分别为 0.14,0.22,0.35,0.22nm 和 0.23nm。此过程中出现的波长蓝移现象,主要是由于随着泵浦功率的增加,掺铥光纤的重吸收现象所致。需要指出的是,我们通过调节 PC,同样可以在一定范围内改变输出光谱中心波长的位置,但在上述过程中,我们始终保持 PC 的位置不变。

图 4.11(b)和(c)为在不同泵浦功率时,示波器记录的锁模脉冲序列和脉冲形状。从图中我们可以发现,随着泵浦功率的增加,激光器输出脉冲的强度逐渐增大,但其间隔不变。脉冲间距为 1037ns,对应重复频率为 0.964MHz,与腔长 213m 相对应,表明激光器始终工作在基频的锁模状态。

图 4.11(d)为输出脉冲的宽度和单脉冲能量随泵浦功率的演化,当激

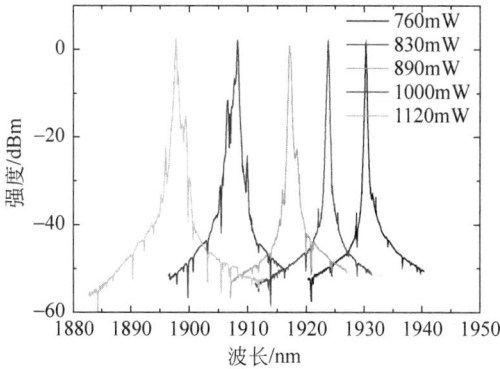

(a)

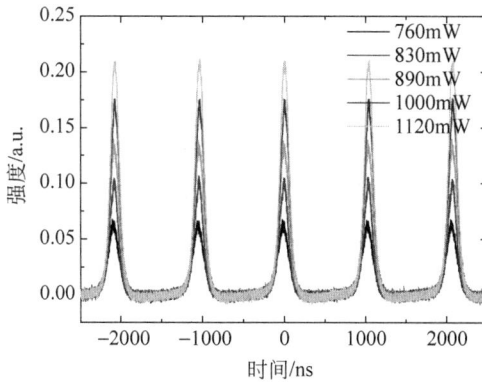

(b)

图 4.11　不同泵浦功率时的(a)光谱,(b)脉冲序列,
(c)脉冲形状,(d)单脉冲能量和脉冲宽度的变化

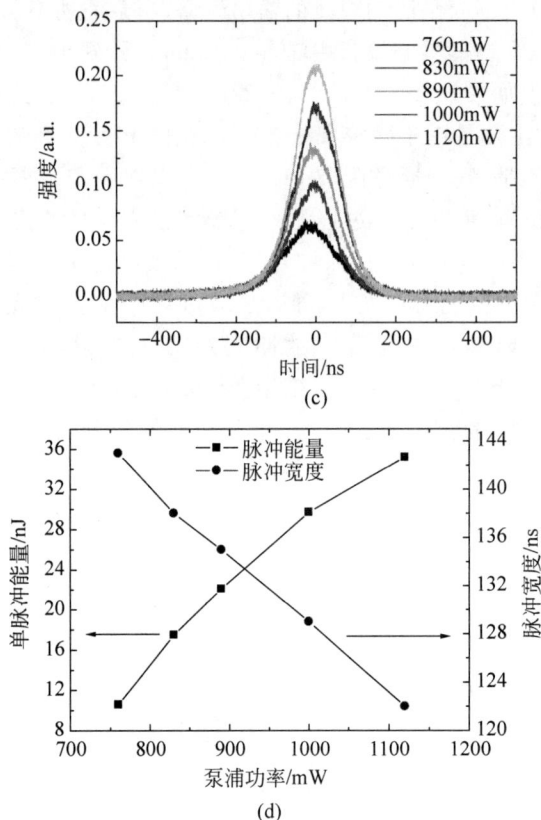

(c)

(d)

图 4.11(续)

光器的泵浦功率由 760mW 增加到 1120mW 时,输出的单脉冲能量由 10.6nJ
增加到 35.2nJ,但输出脉冲的宽度由 143ns 减少到 122ns。在此过程中,脉
冲宽度的减小主要是由于 GSA 的非线性吸收效应所致,即对于较高强度的
脉冲,GSA 具有高的透过率,同时也表现出对脉冲较强的压缩和整形的
能力。

　　综上所述,高的单脉冲能量可以通过增加腔长和提高泵浦功率来获得,
但我们实验中用到的 WDM 可承受的最大泵浦功率为 1.1W,超过之后
WDM 将会被损坏。为此,在不考虑激光器各个器件损伤阈值的前提下,如
果我们想获得更高的单脉冲能量输出,可以通过适当增加泵浦功率和激光
器的腔长来实现。

　　事实上,除了石墨烯锁模器件自身的性能和插入损耗之外,激光器中其

他器件的配置和布局同样影响着激光器锁模后单脉冲能量的输出。所以，对于输出脉冲能量的提高，一方面可以通过降低各个器件的自身损耗和连接损耗；另一方面可以对激光器的结构进行优化，以进一步减小腔的损耗，降低锁模阈值，提高激光器的转换效率，从而提高激光器的单脉冲能量输出。

4.5　本章小结

本章对 $2\mu m$ 的铥钬共掺光纤激光器进行了研究。通过改变激光器的腔长，研究了在不同腔长时激光器的输出特性，最终实现了较高能量纳秒脉冲的锁模输出，并总结了泵浦功率和腔长对激光器输出特性的影响。

首先介绍了用 CVD 法制备石墨烯的过程，并对石墨烯透射电子显微镜、扫描电子显微镜和拉曼光谱等特性进行了表征。然后研究了在激光腔中加入 100m 长的普通单模光纤时激光器的输出特性，此时激光器的腔长约为 114m。当泵浦功率为 580mW 时，激光器运行在稳定的单脉冲锁模状态，输出光谱的中心波长在 1909.7nm 处，FWHM 为 3.8nm，脉冲宽度约为 1ps，单脉冲能量为 1.9nJ。当泵浦功率增加时，激光器将工作在多脉冲锁模的状态。通过调节 PC，我们还可以获得不同阶次的谐波锁模。多次实验表明，当泵浦功率高于 720mW 时，激光器将工作在纳秒脉冲锁模的状态。此时激光器的中心波长为 1901.84nm，FWHM 为 0.27nm，输出的单脉冲能量为 3.1nJ。进一步增加泵浦功率，激光器将持续工作在基频的纳秒脉冲锁模状态，并且输出的单脉冲能量也会增大。当进一步增加泵浦功率到 1120mW 时，此时所得光谱的中心波长在 1908.25nm 处，FWHM 为 0.26nm，脉冲宽度为 65ns，单脉冲能量为 16.2nJ。

接下来，我们把激光腔中普通单模光纤的长度增加到 200m。此时，当泵浦功率为 590mW 时，激光器可以实现稳定的锁模输出。与激光腔中单模光纤的长度为 100m 时类似，激光器首先是工作在皮秒量级的单脉冲锁模状态，当泵浦功率进一步增加时，激光器可以工作在多脉冲锁模或谐波锁模的状态。当泵浦功率大于 760mW 时，激光器可以实现稳定的纳秒脉冲锁模。同样，我们测量了在泵浦功率为 1120mW 时激光器的输出特性。此时输出光谱的中心波长在 1897.69nm，FWHM 为 0.23nm，脉冲宽度为 122ns，单脉冲能量为 35.2nJ。

此外，我们还总结了腔长对激光器输出特性的影响，即在相同的泵浦功率下(1120mW),激光器中普通单模光纤的长度分别为50,100,150,200m和250m时,激光器输出的脉冲宽度和单脉冲能量的变化。在此过程中,激光器锁模和产生纳秒脉冲的阈值略有增加,输出的脉冲宽度从47ns增加到172ns,单脉冲能量从10.7nJ增加到38.6nJ。

最后,在激光器中普通单模光纤的长度为200m时,我们研究了在获得纳秒脉冲锁模后,泵浦功率对激光器输出特性的影响。当泵浦功率从760mW增加到1120mW时,激光器输出光谱的中心波长由1930.27nm蓝移到1897.69nm,脉冲的宽度由143ns减少到122ns,但单脉冲能量由10.6nJ增加到35.2nJ。

综上所述,当我们在激光腔中加入不同长度的普通单模光纤时,我们可以得到相似的锁模过程和纳秒脉冲锁模的结果。为此,在不考虑激光器各个器件损伤阈值的前提下,如果我们想获得更高的单脉冲能量输出,可以通过适当增加泵浦功率和激光器的腔长来实现。

第5章 石墨烯可饱和吸收体的宽带锁模特性

5.1 引　言

自从石墨烯可饱和吸收体在 2009 年首次应用于光纤激光器的锁模之后,关于石墨烯锁模光纤激光器的报道就势如破竹般地不断涌现。最开始人们对于石墨烯锁模光纤激光器的报道主要集中在掺铒的 1.5μm 波段。但在理论上石墨烯被认为是一种具有宽带锁模特性的可饱和吸收体,后续的研究也证明了这点。随着后续研究的不断深入,对石墨烯锁模激光器的研究逐渐扩展到了其他波段。2010 年,新加坡南洋理工大学的 M. L. Zhao 等人用石墨烯薄膜首次实现了在掺镱(1μm)光纤激光器中的锁模脉冲输出[123];2012 年,英国帝国理工学院的 M. Zhang 与剑桥大学的 A. C. Ferrari 组合作,搭建了基于石墨烯可饱和吸收体的掺铥(2μm)锁模光纤激光器[124]。

最近,基于同一石墨烯锁模器件在一个光纤激光器中实现不同波段的锁模和调 Q 被相继报道,如在掺铒和掺铥两个波段的同时锁模[129,130],同时获得 1.06μm 和 1.53μm 两个的调 Q 输出[171]。此外,还实现了基于同一个石墨烯锁模器件在不同波段光纤激光器中的锁模,如在掺镱和掺铒光纤激光器中的锁模[193],以及在掺镱、掺铒光纤激光器中的锁模和掺铥光纤激光器中的调 Q 输出[114]。

在本章中,我们利用上一章中 CVD 法所制备的石墨烯薄膜样品,实现了基于同一个石墨烯锁模器件在掺镱(1μm)、掺铒(1.5μm)和铥钬共掺(2μm)三个波段光纤激光器中的锁模,波长跨度近 1000nm。本章首先测量了石墨烯样品的线性吸收曲线和调制深度,然后介绍了三个波段光纤激光器的实验装置,接下来分别对掺镱(1μm)、掺铒(1.5μm)和铥钬共掺(2μm)三个波段锁模光纤激光器的输出特性进行了详细说明。

5.2　石墨烯的线性吸收和调制深度的测量

图 5.1(a)为石墨烯在不同波长的线性吸收曲线,曲线的透过率进一步证明了石墨烯的层数(5-6 层),这也与高分辨率透射电子显微镜观察到的结果一致。曲线在近红外区域(1～2μm)相对平坦的无特征性,是石墨烯样品在不同波段激光器中实现锁模的基础,图中标示的三个波长分别为石墨烯样品在掺镱、掺铒和铥钬共掺三个光纤激光器中所工作的波段。图 5.1(b)为在 1.5μm 波段时石墨烯调制深度的测量和拟合的结果,方法与 3.2.3 节中描述的相同。其中圆点为实验数据,受限于我们飞秒激光器的最大输出功率,实验测得的调制深度约为 1%,随着输出功率的进一步提高,石墨烯

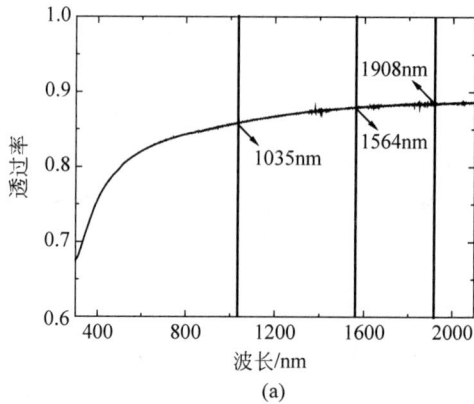

(a)

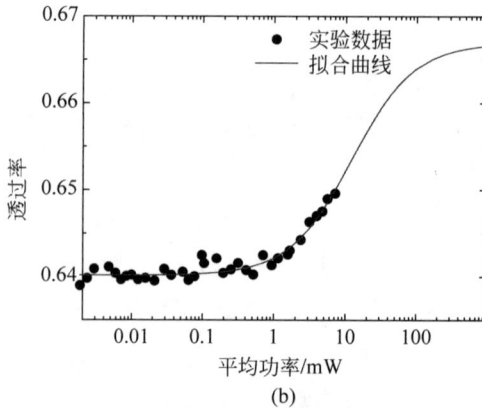

(b)

图 5.1　石墨烯样品的(a)线性吸收和(b)调制深度

的调制深度将会进一步增加。实线为 $sech^2$ 的拟合数据,拟合后的调制深度为约 2.7%。

5.3 同一石墨烯样品在掺镱、掺铒和铒钬共掺 三个光纤激光器中的锁模

5.3.1 实验装置

为了测试石墨烯样品的宽带锁模特性,三个波段光纤激光器的布局都采用一样的配置。如图 5.2 所示,增益光纤分别为 0.5m 的掺镱光纤(Nufern SM-YSF-HI,在 975nm 的吸收为 250dB/m,在 1030nm 处的群速度色散为 $22ps^2/km$),0.5m 的掺铒光纤(LIEKKI Er110-4/125,在 1530nm 处的吸收为 110dB/m,在 1550nm 处的群速度色散为 $12ps^2/km$)和 3.4m 的铒钬共掺光纤(CorActive TH512,在 1570nm 处的吸收为 23dB/m,在 1950nm 处的色散为 $-55ps^2/km$);波分复用器(WDM)用来把泵浦光耦合到增益光纤;掺镱和掺铒激光器的泵浦光为 980nm 的激光二极管(LD),铒钬共掺激光器的泵浦光为中心波长在 1550nm,波长可调的 Santec MLS-8100 连续激光器,并经过掺铒光纤放大器(EDFA,Keopsys KPS-BT2-C-SP)的放大;偏振无关的隔离器(PI-ISO)用来确保激光器的定向运行(中心波长分别在 1060,1550nm 和 1950nm 处);偏振控制器(PC)用来调节激光腔的偏振状态以优化激光器的输出结果;用 CVD 方法制备的 GSA 集成到光纤激光器中,用来实现激光器的锁模;耦合器(Coupler)的一端作为输出

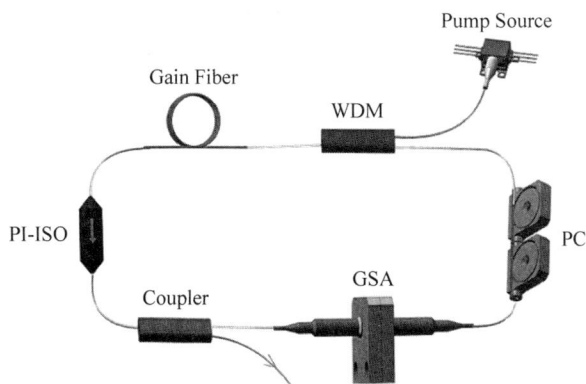

图 5.2 　石墨烯锁模光纤激光器的实验装置

以测量激光器锁模后的结果(在 1,1.5μm 和 2μm 波段的输出比例分别为 20%,10% 和 50%),另一端耦合回激光腔中,以保证激光腔中有足够的净增益;腔的其他部分由单模光纤组成(SMF)。在三个波段的光纤激光器中,所用的 GSA 均为同一个样品,插入损耗为 1.7dB。

实验中用到的测试仪器包括:型号为 Agilent 86142B 的光谱分析仪,光谱测量范围为 600~1700nm,最小分辨率为 0.06nm,用于检测掺镱(1μm)和掺铒(1.5μm)激光器输出的光谱;型号为 APE WaveScan 的光谱仪,光谱测量范围为 1000~2600nm,最小分辨率分别为 0.5nm,用于检测铥钬共掺(2μm)激光器的输出光谱;型号为 Thorlabs D400FC 带宽为 1GHz 的光电探测器用于 1μm 和 1.5μm 波段,型号为 KG-PR-1G 带宽为 1GHz 的光电探测器,用于 2μm 波段;型号为 Agilent infiniium DSO80204B 带宽为 2GHz,采样率为 40GSa/s 的示波器,用来检测激光器输出的时域特性;型号为 Agilent N9020A-513 测量频率范围为 20Hz~13.6GHz,最小分辨率为 1Hz 的射频(RF)信号分析仪,用来监测激光器输出的 RF 频谱;型号为 FR-103XL,扫描范围 120ps,分辨率小于 5fs 的自相关仪,用来测量激光器输出脉冲的自相关信息,从而进一步获得激光器的脉冲宽度等信息。

5.3.2　石墨烯的掺镱(1μm)锁模光纤激光器

掺镱光纤激光器的腔长为 12.7m,激光腔的净色散为 0.31ps^2。当泵浦功率为 89mW 时,激光器产生连续激光。进一步增加泵浦功率到 240mW 时,通过仔细调节 PC,激光器可以实现锁模脉冲输出,脉冲宽度为纳秒量级,此时激光器输出的平均功率约为 6.6mW。随着泵浦功率的进一步增加,我们可以获得稳定的纳秒脉冲的锁模和更高的单脉冲能量输出。

图 5.3(a)为在最大泵浦功率 513mW,激光器锁模时所对应的输出光谱,中心波长为 1035.26nm,FWHM 为 0.18nm。通过调节 PC,我们也可以获得不同形状的锁模光谱如图 5.3(b)~(d)所示。由于激光器运行在净正色散的腔中,所以锁模光谱的两端比较陡峭。但相比于其他文献报道的耗散孤子净正色散锁模的光谱,我们得到的光谱边缘并不算十分陡峭,主要是由于激光腔中较低的频谱滤波效应所致[255,256]。

图 5.4(a)为在最大泵浦功率 513mW 时示波器记录的锁模脉冲序列,脉冲间隔为 61.4ns,对应重复频率为 16.29MHz,与腔长 12.7m 相对应,表明激光器运行在基频的锁模状态。

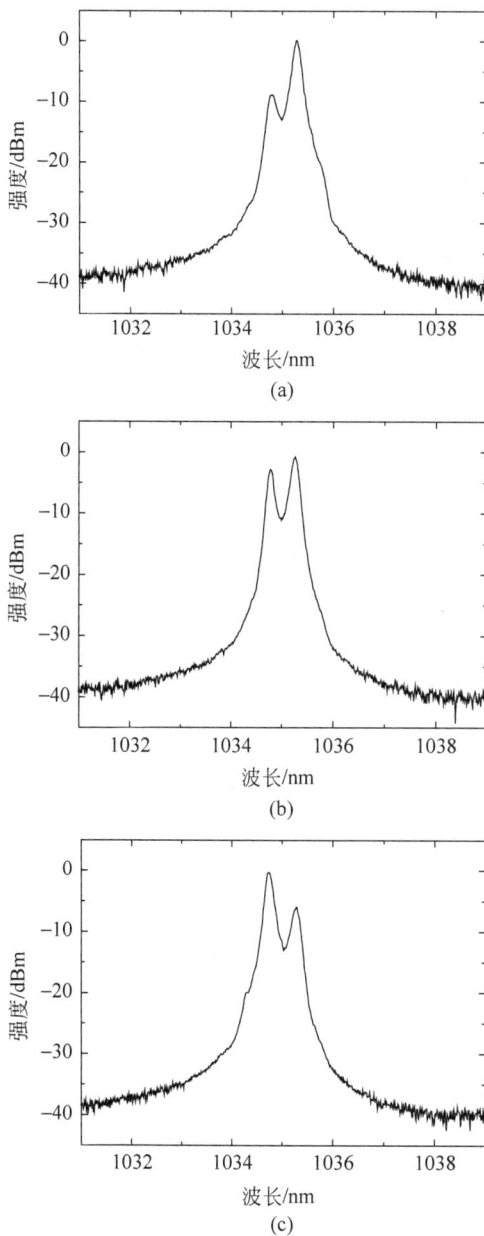

图 5.3　(a)～(d)锁模时不同 PC 状态时的输出光谱

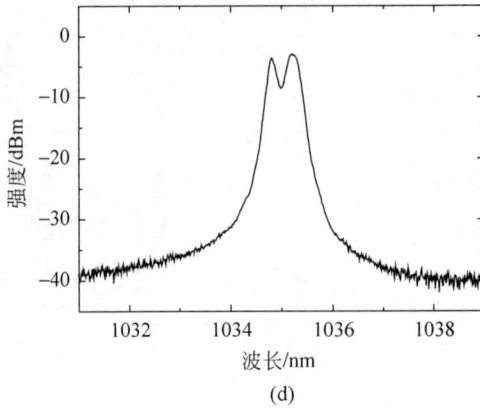

(d)

图 5.3(续)

图 5.4(b)为锁模脉冲的形状,黑色的圆点为实验数据,红色的实线为 sech^2 的曲线拟合。在我们的激光器中,脉冲的整形机制主要是由于腔中的耗散过程所致,如增益[123,257]、损耗[4] 以及非线性饱和吸收等[258]。此时的脉冲宽度为 6.5ns,输出的单脉冲能量为 0.81nJ。

图 5.4(c)为锁模脉冲的 RF 频谱,此时锁模脉冲的重复频率为 16.29MHz,在跨度 2000Hz 的范围内分辨率为 2Hz。55dB 的 SNR 表明激光器工作在稳定的锁模状态。

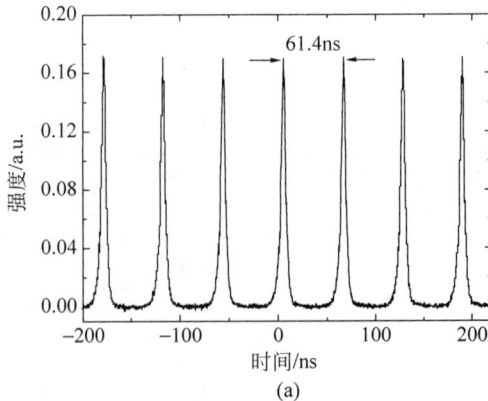

(a)

图 5.4 锁模时的(a)脉冲序列,(b)脉冲形状和(c)RF 频谱

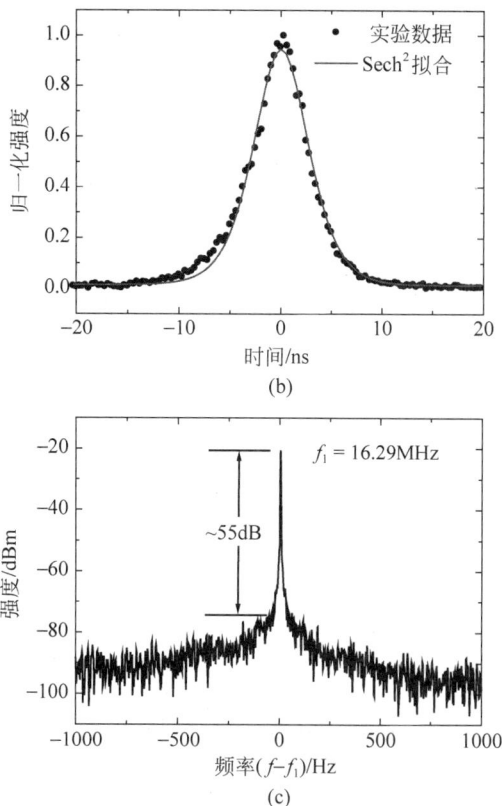

(b)

(c)

图 5.4(续)

5.3.3　石墨烯的掺铒(1.5μm)锁模光纤激光器

掺铒光纤激光器的腔长为 10.7m,激光腔的净色散为 -0.23ps^2。当泵浦功率为 36mW 时,激光器产生连续激光。进一步增加泵浦功率到 47mW时,激光器可以实现稳定的自启动锁模脉冲输出,此时激光器输出的平均功率约为 0.2mW。

图 5.5(a)为激光器锁模时的输出光谱,中心波长为 1565.72nm,FWHM 为 3.15nm。光谱中的 Kelly 旁瓣表明所得光谱为典型的孤子光谱。

图 5.5(b)为示波器记录的锁模脉冲序列,脉冲的间隔为 51.8ns,对应重复频率为 19.30MHz,与激光器的腔长 10.7m 相对应,表明激光器工作在基频的锁模状态。

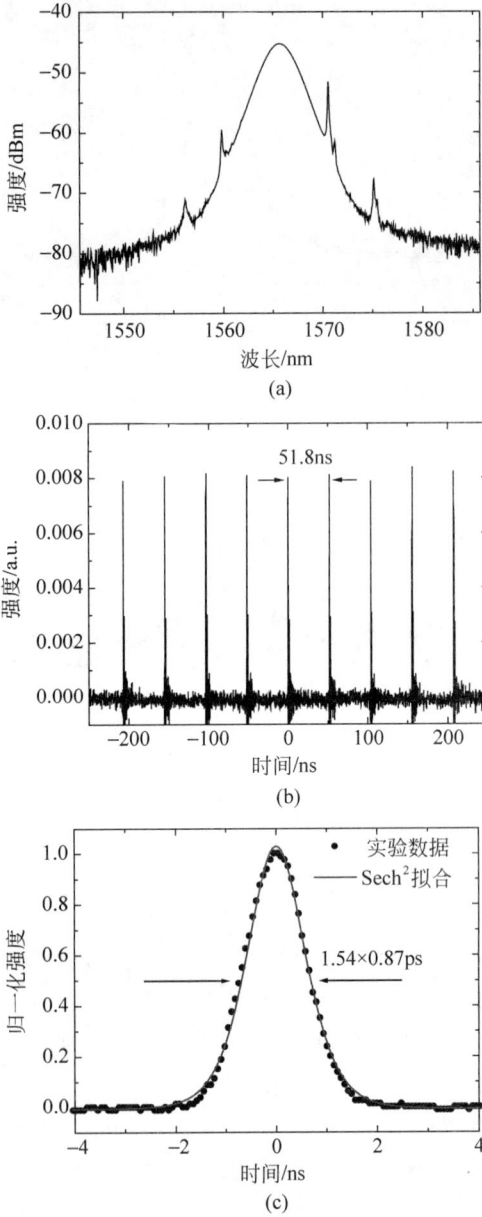

图 5.5 锁模时的(a)光谱,(b)脉冲序列,(c)脉冲形状和(d)RF 频谱

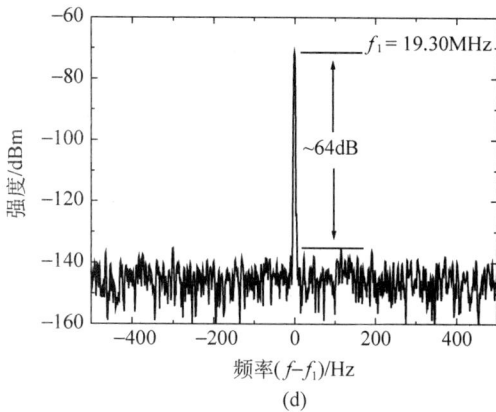

图 5.5(续)

图 5.5(c)为输出脉冲的自相关曲线,脉冲的宽度为 870fs。对应的 TBP 为 0.336,接近于 0.315 的变换极限,表明所得脉冲为近似变换极限的脉冲,此时的单脉冲能量为 10.4pJ。

图 5.5(d)为在基频 19.30MHz 处测得输出脉冲的 RF 频谱,此时 RF 频谱的分辨率为 2Hz,跨度为 1000Hz,64dB 的 SNR 表明激光器工作在稳定的锁模状态下。

5.3.4　石墨烯的铥钬共掺(2μm)锁模光纤激光器

在第 4 章中我们研究了当激光腔中具有较长的普通单模光纤时,铥钬共掺光纤激光器中纳秒脉冲的锁模特性。本部分内容将考虑腔中不加入额外的普通单模光纤时,激光器的输出特性。此时,铥钬共掺光纤激光器的腔长约为 11m,激光腔的净色散为 -0.68ps^2。当泵浦功率为 269mW 时,激光器可以产生连续激光。进一步增加泵浦功率到 436mW 时,激光器可以实现稳定的自启动锁模脉冲输出,此时的输出功率为 2.1mW。

图 5.6(a)为激光器锁模时所对应的输出光谱,中心波长为 1899.6nm,FWHM 为 4.4nm。光谱中的 Kelly 旁瓣表明所得光谱为孤子光谱。

图 5.6(b)为示波器记录的锁模脉冲序列,脉冲间隔为 53.1ns,对应重复频率为 18.84MHz,与腔长 11.03m 相对应,表明激光器运行在基频的锁模状态,输出的单脉冲能量为 0.11nJ。由于实验中测量脉冲宽度的自相关仪(FR-103XL)测量波段的范围在 410~1800nm,而我们搭建的铥钬共掺

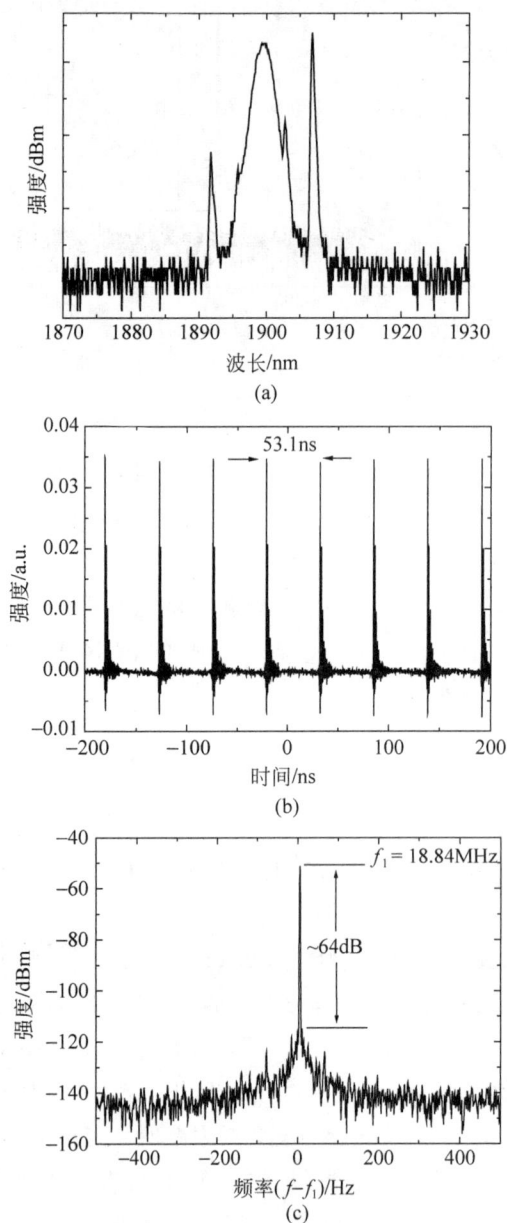

图 5.6　锁模时的(a)光谱,(b)脉冲序列和(c)RF 频谱

锁模光纤激光器的中心波长在 1900nm 处,所以无法用自相关仪测量到实验中锁模脉冲的宽度。但基于激光器工作在负色散的孤子锁模状态,考虑所得脉冲的形状为双曲正割的函数,在不考虑脉冲啁啾的前提下,由脉冲 TBP 的变换极限(0.315),我们可以反推出所得锁模脉冲的宽度约为 860fs。

图 5.6(c)为在基频 18.84MHz 处测得输出脉冲的 RF 频谱,此时 RF 频谱的分辨率为 1Hz,跨度为 1000Hz,64dB 的 SNR 表明激光器工作在稳定的锁模状态下。

随着泵浦功率的进一步增加,激光器将工作在多脉冲锁模状态,通过仔细调节 PC,我们还可以获得不同阶次的谐波锁模。但需要指出的是,此时无论我们如何调节 PC 和增加泵浦功率,我们始终不能获得纳秒的锁模脉冲输出,即纳秒脉冲的锁模只在具有较长腔长的激光器中才会得到。

5.4　本 章 小 结

本章首先对石墨烯薄膜样品的线性吸收和调制深度进行了测量。在石墨烯的线性吸收曲线中,透过率曲线在近红外区域(1～2μm)相对平坦的无特征性,表明石墨烯样品具备宽带的工作特性,这也是该石墨烯样品能够实现在三个波段锁模的基础。曲线的透过率进一步揭示了石墨烯的层数为 5～6 层,这也与高分辨率透射电子显微镜观察到的结果一致。在测量调制深度的实验中,由于飞秒激光器输出功率的限制,实验测得的调制深度约为 1%,但随着输出功率的进一步提高,石墨烯的调制深度将会进一步增加。通过拟合,我们得到石墨烯的调制深度约为 2.7%。接下来分别对掺镱 (1μm)、掺铒(1.5μm)和铥钬共掺(2μm)三个波段锁模光纤激光器的输出特性进行了说明。

在石墨烯的掺镱(1μm)锁模光纤激光器中,当激光器的泵浦功率为 240mW 时,我们获得了纳秒的锁模脉冲输出。在最大的泵浦功率 513mW 时,激光器输出光谱的中心波长在 1035.26nm 处,FWHM 为 0.18nm,此时激光器输出的脉冲宽度为 6.5ns,单脉冲能量为 0.81nJ。通过调节 PC,我们还可以得到不同形状的锁模光谱。

在石墨烯的掺铒(1.5μm)锁模光纤激光器中,当泵浦功率为 47mW 时,我们可以得到稳定的自启动锁模脉冲输出。光谱的中心波长在 1565.72nm

处,FWHM 为 3.15nm。此时,我们得到了近变换极限的脉冲输出,脉冲宽度为 870fs,单脉冲能量为 10.4pJ。

在石墨烯的铥钬共掺(2μm)锁模光纤激光器中,不同于掺铥和掺铒激光器,我们采用 1550nm 的连续激光器经过放大器放大之后作为泵浦源。当泵浦功率为 436mW 时,我们可以得到稳定的锁模脉冲输出,光谱的中心波长在 1899.6nm 处,FWHM 为 4.4nm,光谱中的 Kelly 旁瓣表明所得光谱为孤子光谱,此时激光器输出的单脉冲能量为 0.11nJ。

第6章 结论与展望

6.1 本文的主要内容和工作总结

本文主要研究了基于石墨烯可饱和吸收体的锁模光纤激光器,研究的主要内容包括:

第一,用光诱导法制备了石墨烯的锁模器件,并对石墨烯的线性吸收曲线、拉曼光谱和调制深度等特性进行了表征,重点介绍了石墨烯在掺铒光纤激光器中的锁模和谐波锁模。多次的实验表明,不同损耗石墨烯锁模器件的锁模性能略有差异,通常石墨烯样品的损耗只要在 2~8dB 之间,都可以实现激光器的锁模。对于低损耗(2.8dB)石墨烯的锁模器件,我们获得了重复频率为 502.84MHz 的 32 阶谐波锁模。此时光谱的中心波长在 1562.26nm 处,FWHM 为 4.32nm,脉冲宽度为 950fs,对应的单脉冲能量为 4.4pJ,SMS 高达 50dB。对于高损耗(6.7dB)石墨烯的锁模器件,我们可以得到重复频率为 409.63MHz 的 26 阶谐波锁模。此时光谱的中心波长在 1557.93nm 处,FWHM 为 3.78nm,脉宽为 990fs,单脉冲能量为 3.6pJ,SMS 大于 40dB。

对比低损耗和高损耗两种情况下的锁模结果我们可以发现,对于高损耗石墨烯样品的锁模,在激光器的输出光谱中不时会伴有连续激光的分量。虽然通过调节 PC 可以抑制连续激光的出现,但连续激光分量的产生总是会伴随在锁模的过程中,并且高损耗石墨烯样品的锁模阈值也相对较高。相比而言,低损耗的石墨烯样品更有利于激光器的锁模和谐波锁模,激光器获得的锁模结果也较好。

第二,对 2μm 波段的铥钬共掺光纤激光器进行了深入研究。前述的光诱导法虽然操作简单、成本低,但其制备的效率相对较低,无法大批量的生产和制备。相对于光诱导法,用 CVD 法所制备的石墨烯薄膜的样品与光纤集成,兼具质量好和效率高的特点,并且具有更高的光损伤阈值。因此,我们采用 CVD 法所制备的石墨烯薄膜样品与光纤集成后作为锁模器件,通过改变激光腔的结构(即腔中含有不同长度的普通单模光纤),研究了在较长的谐振腔时激光器的输出特性。

首先,对于在激光腔中加入100m长的普通单模光纤,当泵浦功率为580mW时,激光器运行在稳定的单脉冲锁模状态,输出光谱的中心波长在1909.7nm处,FWHM为3.8nm,脉冲宽度约为1ps,单脉冲能量为1.9nJ。当泵浦功率增加时,激光器将会工作在多脉冲锁模的状态。通过调节PC,我们还可以获得不同阶次的谐波锁模。多次实验表明,当泵浦功率高于720mW时,激光器将工作在纳秒脉冲锁模的状态。此时激光器的中心波长在1901.84nm处,FWHM为0.27nm,输出的单脉冲能量为3.1nJ。继续增加泵浦功率,激光器将持续工作在基频的纳秒脉冲锁模状态,并且输出的单脉冲能量也会随之增大。当进一步增加泵浦功率到1120mW时,所得光谱的中心波长为1908.25nm,FWHM为0.26nm,脉冲宽度为65ns,单脉冲能量为16.2nJ。

其次,我们把激光腔中普通单模光纤的长度增加到200m。当泵浦功率为590mW时,激光器可以实现稳定的锁模输出。与腔中单模光纤的长度为100m时类似,激光器首先是工作在皮秒量级的单脉冲锁模状态,在泵浦功率进一步增加时,激光器可以工作在多脉冲锁模或谐波锁模的状态。多次实验表明,当泵浦功率大于760mW时,通过调节PC,激光器可以实现稳定的纳秒脉冲锁模。同样,我们测量了在泵浦功率为1120mW时激光器的输出结果。此时,光谱的中心波长在1897.69nm处,FWHM为0.23nm,脉冲宽度为122ns,对应的单脉冲能量为35.2nJ。

再次,我们总结了腔长对激光器输出特性的影响,即在相同的泵浦功率下(1120mW),激光腔中普通单模光纤的长度分别为50,100,150,200m和250m时,激光器的脉冲宽度和单脉冲能量的变化。在此过程中,激光器锁模和产生纳秒脉冲的阈值略有增加,输出的脉冲宽度从47ns增加到172ns,单脉冲能量从10.7nJ增加到38.6nJ。

最后,我们还研究了在获得纳秒脉冲的锁模后,泵浦功率对激光器输出特性的影响。以激光器中含有200m长的普通单模光纤为例,当泵浦功率从760mW增加到1120mW时,激光器输出光谱的中心波长由1930.27nm蓝移到1897.69nm,脉冲的宽度由143ns减少到122ns,单脉冲能量由10.6nJ增加到35.2nJ。

研究发现,当我们在激光腔中选取不同长度的普通单模光纤时,我们可以得到相似的锁模过程和纳秒脉冲锁模的结果。为此,在不考虑激光器各个器件损伤阈值的前提下,如果我们想获得更高的单脉冲能量输出,可以通过适当增加泵浦功率和激光器的腔长来实现。

第三,基于同一个石墨烯薄膜的锁模器件,实现了在掺镱($1\mu m$)、掺铒($1.5\mu m$)和铥钬共掺($2\mu m$)三个波段光纤激光器的锁模。

对于石墨烯的掺镱($1\mu m$)锁模光纤激光器,在最大的泵浦功率 513mW 时,激光器输出光谱的中心波长在 1035.26nm 处,FWHM 为 0.18nm,激光器输出的脉冲宽度为 6.5ns,单脉冲能量为 0.81nJ。对于石墨烯的掺铒($1.5\mu m$)锁模光纤激光器,在泵浦功率为 47mW 时,我们得到了近变换极限的脉冲输出,脉冲的宽度为 870fs,单脉冲能量为 10.4pJ,光谱的中心波长在 1565.72nm 处,FWHM 为 3.15nm。对于石墨烯的铥钬共掺($2\mu m$)锁模光纤激光器,当泵浦功率为 436mW 时,我们可以得到稳定的锁模脉冲输出,光谱的中心波长在 1899.6nm 处,FWHM 为 4.4nm,激光器输出的单脉冲能量为 0.11nJ。

6.2　本文主要创新点

本文的主要创新点有:

第一,在石墨烯掺铒光纤激光器谐波锁模的实验中,我们得到了 32 阶的高阶谐波锁模,谐波阶次连续可调,重复频率达到了 500MHz,超模抑制高达 50dB。

第二,在石墨烯铥钬共掺光纤激光器纳秒脉冲锁模的实验中,当泵浦功率为 1120mW 时,对于腔中单模光纤长度为 250m 的光纤激光器,其输出的单脉冲能量达到了 38.6nJ。

第三,基于同一个石墨烯的锁模器件,实现了在掺镱($1\mu m$)、掺铒($1.5\mu m$)和铥钬共掺($2\mu m$)三个波段光纤激光器中的锁模,波长跨度近 1000nm。

6.3　下一步工作展望

本文基于石墨烯作为锁模器件,实现了在不同波段光纤激光器中的锁模,并对掺铒光纤激光器中的谐波锁模和铥钬共掺光纤激光器中的纳秒脉冲锁模进行了深入研究。但由于时间和精力的有限,本文研究的内容还有待提高,具体表现在如下几个方面:

1. 在石墨烯掺铒光纤激光器中获得了 32 阶的谐波锁模,重复频率达到了 500MHz，但对于高重频而言，500MHz 还不够，如何获得更高阶次和更高重频的谐波锁模值得进一步研究。

2. 在铒钬共掺的光纤激光器中，虽然获得了高单脉冲能量的输出，但脉冲宽度较宽（ns 量级）。所以，对于铒钬共掺光纤激光器中纳秒脉冲的压缩具有很大意义。

3. 实验中激光器的锁模阈值偏高。所以，一方面可以对激光器的结构进行优化，另一方面可以通过降低各个器件的自身损耗和连接损耗等因素，以进一步减小腔的损耗，降低锁模阈值，从而提高激光器的转换效率。

参 考 文 献

[1] Keller U. Recent developments in compact ultrafast lasers. Nature, 2003, 424: 831-838.

[2] Zewail A H. Femtochemistry: Recent progress in studies of dynamics and control of reactions and their transition states. J. Phys Chem, 1996, 100 (31): 12701-12724.

[3] Holzwarth R, Udem T, Hansch T W, et al. Optical frequency synthesizer for precision spectroscopy. Phys Rev Lett, 2000, 85(11): 2264-2267

[4] Wise F W, Chong A, Renninger W H. High-energy femtosecond fiber lasers based on pulse propagation at normal dispersion. Laser Photon Rev, 2008, 2: 58-73.

[5] Jauregui Cesar, Limpert Jens, Tünnermann A. High-power fibre lasers. Nat Photonics, 2013, 7: 861-867.

[6] Fermann M E, Hofer M, Haberl F, et al. Femtosecond fiber laser. Electron Lett, 1990, 26: 1737-1738.

[7] Haus H A. Mode-locking of lasers. IEEE J Sel Top Quantum Electron, 2000, 6: 1173-1185.

[8] Keller U, Knox W H, Roskos H. Coupled-cavity resonant passive mode-locked Ti:sapphire laser. Opt Lett, 1990, 15: 1377-1379.

[9] Set S Y, Yaguchi H, Tanaka Y, et al. Mode-locked Fiber Lasers based on a saturable absorber incorporating carbon nanotubes. Optical Fiber Communication Conference, 2003, PD44.

[10] Set S Y, Yaguchi H, Tanaka Y, et al. Ultrafast fiber pulsed lasers incorporating carbon nanotubes. IEEE J Sel Top Quantum Electron, 2004, 10: 137-146.

[11] Hasan T, Sun Z, Wang F, et al. Nanotube-polymer composites for ultrafast photonics. Adv Mater, 2009, 21: 3874-3899.

[12] Bao Q, Zhang H, Wang Y, et al. Atomic-layer graphene as a saturable absorber for ultrafast pulsed lasers. Adv Funct Mater, 2009, 19: 3077-3083.

[13] Richardson D J, Laming R I, Payne D N, et al. Selfstarting, passively modelocked erbium fibre ring laser based on the amplifying Sagnac switch. Electron Lett, 1991, 27: 543-543.

[14] Richardson D J, Laming R I, Payne D N, et al. 320fs soliton generation with passively mode-locked erbium fibre laser. Electron Lett, 1991, 27: 730-732.

[15] Duling III I N. All-fiber ring soliton laser mode locked with a nonlinear mirror. Opt Lett, 1991, 16: 539-541.

[16] Richardson D J, Grudinin A B, Payne D N. Passive, all-fibre source of 30fs pulses. Electron Lett, 1992, 28: 778-779.

[17] Duling III I N. Subpicosecond all-fiber erbium laser. Electron Lett, 1991, 27: 544-545.

[18] Nakazawa M, Yoshida E, Kimura Y. Low threshold, 290fs erbium-doped fiber laser with a nonlinear amplifying loop mirror pumped by InGaAsP laser diodes. Appl Phys Lett, 1991, 59: 2073-2075.

[19] Richardson D J, Laming R I, Payne D N, et al. Pulse repetition rates in passive, self-starting, femtosecond soliton fiber laser. Electron Lett, 1991, 27: 1451-1453.

[20] Agrawal G P. Applications of nonlinear fiber optics. Second Edition ed. Vol. 1. 2001: San Diego, CA: Academic Press.

[21] Matsas V J, Newson T P, Richardson D J, et al. Selfstarting passively mode-locked fibre ring soliton laser exploiting nonlinear polarisation rotation. Electron Lett, 1992, 28: 1391-1393.

[22] Noske D U, Pandit N, Taylor J R. Subpicosecond soliton pulse formation from self-mode-locked erbium fibre laser using intensity dependent polarisation rotation. Electron Lett, 1992, 28: 2185-2186.

[23] Tamura K, Haus H A, Ippen E P. Self-starting additive pulse mode-locked erbium fiber ring laser. Electron Lett, 1992, 28: 2226-2228.

[24] Noske D U, Pandit N, Taylor J R. Source of spectral and temporal instability in soliton fiber lasers. Opt Lett, 1992, 17: 1515-1517.

[25] Matsas V J, Newson T P, Zervas M N. Self-starting passively mode-locked fiber ring laser exploiting nonlinear polarization switching. Opt Commun, 1992, 92: 61-66.

[26] Tamura K, Ippen E P, Haus H A, et al. 77-fs pulse generation from a stretched-pulse mode-locked all-fiber ring laser. Opt Lett, 1993, 18: 1080-1082.

[27] Kelly S M J. Characteristic side-band instability of periodically amplified average soliton. Electron Lett, 1992, 28(8): 806-807.

[28] Nelson L, Jones D, Tamura K, et al. Ultrashort-pulse fiber ring lasers. Appl Phys B-Lasers Opt, 1997, 65: 277-294.

[29] Grudinin A, Gray S. Passive harmonic mode locking in soliton fiber lasers. J Opt

Soc Am B, 1997, 14: 144-154.

[30] Tang D Y, Zhao L M, Zhao B, et al. Mechanism of multisoliton formation and soliton energy quantization in passively mode-locked fiber lasers. Phys Rev A, 2005, 72: 043816.

[31] Amrani F, Haboucha A, Salhi M, et al. Passively mode-locked erbium-doped double-clad fiber laser operating at the 322nd harmonic. Opt Lett, 2009, 34: 2120: 2122.

[32] Jun C S, Im J H, Yoo S H, et al. Low noise GHz passive harmonic mode-locking of soliton fiber laser using evanescent wave interaction with carbon nanotubes. Opt Express, 2011, 19: 31584-31595.

[33] Fermann M E, Hofer M, Haberl F, et al. Additive-pulse-compression mode-locking of a neodymium fiber laser. Opt Lett, 1991, 16(4): 244-246.

[34] Anderson D, Desaix M, Karlsson M, et al. Wave-breaking-free pulses in nonlinear-optical fibers. J Opt Soc Am B, 1993, 10: 1185-1190.

[35] Dudley J M, Finot C, Richardson D J, et al. Self-similarity in ultrafast nonlinear optics. Nat Phys, 2007, 3: 597-603.

[36] Fermann M E, Kruglov V I, Thomsen B C, et al. Self-similar propagation and amplification of parabolic pulses in optical fibers. Phys Rev Lett, 2000, 84: 6010-6013.

[37] Ilday F O, Buckley J R, Clark W G, et al. Self-similar evolution of parabolic pulses in a laser. Phys Rev Lett, 2004, 92: 213902.

[38] Chong A, Buckley J, Renninger W, et al. All-normal-dispersion femtosecond fiber laser. Opt Express, 2006, 14: 10095-10100.

[39] Loh W, Atkinson D, Morkel P, et al. All-solid-state subpicosecond passively mode locked erbium-doped fiber laser. Appl Phys Lett, 1993, 63: 4.

[40] Barnett B, Rahman L, Islam M, et al. High-power erbium-doped fiber laser mode locked by a semiconductor saturable absorber. Opt Lett, 1995, 20: 471-473.

[41] Gomes L A, Orsila L, Jouhti T, et al. Picosecond SESAM-based ytterbium mode-locked fiber lasers. IEEE J Sel Top Quantum Electron, 2004, 10: 129-136.

[42] Orta B, Schmidt O, Schreiber T, et al. High-energy femtosecond Yb-doped dispersion compensation free fiber laser. Opt Express, 2007, 15: 10725-10732.

[43] Sharp R, Spock D, Pan N, et al. 190-fs passively mode-locked thulium fiber laser with a low threshold. Opt Lett, 1996, 21: 881-883.

[44] Okhotnikov O, Jouhti T, Konttinen J, et al. 1. 5μm monolithic GaInNAs

semiconductor saturable-absorber mode locking of an erbium fiber laser. Opt Lett, 2003, 28: 364-366.

[45] Wang F, Rozhin A G, Scardaci V, et al. Wideband-tuneable, nanotube mode-locked, fibre laser. Nat Nanotechnol, 2008, 3: 738-742.

[46] Scardaci V, Sun Z, Wang F, et al. Carbon nanotube polycarbonate composites for ultrafast lasers. Adv Mater, 2008, 20: 4040-4043.

[47] Nicholson J W, Windeler R S, and DiGiovanni D J. Optically driven deposition of single-walled carbon-nanotube saturable absorbers on optical fiber end-faces. Opt Express, 2007, 15: 9176-9183.

[48] Kashiwagi K, Yamashita S, Set S Y. In-situ monitoring of optical deposition of carbon nanotubes onto fiber end. Opt Express, 2009, 17: 5711-5715.

[49] Song Y-W, Yamashita S, Maruyama S. Single-walled carbon nanotubes for high-energy optical pulse formation. Appl Phys Lett, 2008, 92: 021115.

[50] Song Y-W, Yamashita S, Goh C S, et al. Carbon nanotube mode lockers with enhanced nonlinearity via evanescent field interaction in D-shaped fibers. Opt Lett, 2007, 32: 148-150.

[51] Song Y-W, Morimune K, Set S Y, et al. Polarization insensitive all-fiber mode-lockers functioned by carbon nanotubes deposited onto tapered fibers. Appl Phys Lett, 2007, 90: 021101.

[52] Kashiwagi K, Yamashita S. Deposition of carbon nanotubes around microfiber via evanescent light. Opt Express, 2009, 17: 18364-18370.

[53] Kieu K, Wise F W. All-fiber normal-dispersion femtosecond laser. Opt Express, 2008, 16: 11453-11458

[54] Kieu K, Mansuripur M. Femtosecond laser pulse generation with a fiber taper embedded in carbon nanotube/polymer composite. Opt Lett, 2007, 32: 2242-2244.

[55] Choi S Y, Rotermund F, Jung H, et al. Femtosecond mode-locked fiber laser employing a hollow optical fiber filled with carbon nanotube dispersion as saturable absorber. Opt Express, 2009, 17: 21788-21793.

[56] Schmidt A, Rivier S, Steinmeyer G, et al. Passive mode locking of Yb: KLuW using a single-walled carbon nanotube saturable absorber. Opt Lett, 2008, 33: 729-731.

[57] Chen H-R, Wang Y-G, Tsai C-Y, et al. High-power, passively mode-locked Nd: GdVO₄ laser using single-walled carbon nanotubes as saturable absorber. Opt Lett, 2011, 36: 1284-1286.

[58] Kivisto S, Hakulinen T, Kaskela A, et al. Carbon nanotube films for ultrafast

broadband technology. Opt Express, 2009, 17: 2358-2363.

[59] Hasan T, Sun Z, Tan P, et al. Double-wall carbon nanotubes for wide-band, ultrafast pulse generation. ACS Nano, 2014, 8: 4836-4847.

[60] Liu X, Han D, Sun Z, et al. Versatile multi-wavelength ultrafast fiber laser mode-locked by carbon nanotubes. Sci Rep, 2013, 3: 2718.

[61] Beecher S, Thomson R, Psaila N, et al. 320fs pulse generation from an ultrafast laser inscribed waveguide laser mode-locked by a nanotube saturable absorber. Appl Phys Lett, 2010, 97: 111114.

[62] Della V G, Osellame R, Galzerano G, et al. Passive mode locking by carbon nanotubes in a femtosecond laser written waveguide laser. Appl Phys Lett, 2006, 89: 231115.

[63] Liu H, Zheng X, Liu M, et al. Femtosecond pulse generation from a topological insulator mode-locked fiber laser. Opt Express, 2014, 22: 6868-6873.

[64] Luo Z, Liu C, Huang Y, et al. Toopological-insulator passively Q-switched double-clad fiber laser at $2\mu m$ wavelength. IEEE J Sel Top Quantum Electron, 2014, 20: 0902708.

[65] Zhao C, Zou Y, Chen Y, et al. Wavelength-tunable picosecond soliton fiber laser with Topological Insulator Bi_2Se_3 as a mode locker. Opt Express, 2012, 20: 27888-27895.

[66] Chen Y, Zhao C, Huang H, et al. Self-assembled topological insulator: Bi_2Se_3 membrane as a passive Q-switcher in an erbium-doped fiber laser. J Lightwave Technol, 2013, 31: 2857-2863.

[67] Gao L, Zhu T, Huang W, et al. Stable, ultrafast pulse mode-locked by topological insulator Bi_2Se_3 nanosheets interacting with photonic crystal fiber from anomalous dispersion to normal dispersion. IEEE Photonics J, 2015, 7: 3300108.

[68] Guo B, Yao Y, Yang Y, et al. Topological insulator: Bi_2Se_3/polyvinyl alcohol film-assisted multi-wavelength ultrafast erbium-doped fiber laser. J Appl Phys, 2015, 117: 063108.

[69] Yan P, Lin R, Chen H, et al. Topological insulator solution filled in photonic crystal fiber for passive mode-locked fiber laser. IEEE Photonics Technol Lett, 2015, 27: 264-267.

[70] Lee J, Koo J, Jhon Y M, et al. A femtosecond pulse erbium fiber laser incorporating a saturable absorber based on bulk-structured Bi_2Te_3 topological insulator. Opt Express, 2014, 22: 6165-6173.

[71] Jung M, Lee J, Koo J, et al. A femtosecond pulse fiber laser at 1935nm using a

bulk-structured Bi_2Te_3 topological insulator. Opt Express, 2014, 22: 7865-7964.

[72] Yan P, Lin R, Zhang H, et al. Multi-pulses dynamic patterns in a topological insulator mode-locked ytterbium-doped fiber laser. Opt Commun, 2015, 335: 65-72.

[73] Wu M, Chen Y, Zhang H, et al. Nanosecond Q-switched erbium-doped fiber laser with wide pulse-repetition-rate range based on topological insulator. IEEE J Quantum Electron, 2014, 50: 393-396.

[74] Chen Y, Wu M, Tang P, et al. The formation of various multi-soliton patterns and noise-like pulse in a fiber laser passively mode-locked by a topological insulator based saturable absorber. Laser Phys Lett, 2014, 11: 055101.

[75] Tang P, Zhang X, Zhao C, et al. Topological Insulator: Bi_2Te_3 saturable absorber for the passive Q-switching operation of an in-band pumped 1645-nm Er: YAG ceramic laser. IEEE Photonics J, 2013, 5: 1500707.

[76] Lee J, Jung M, Koo J, et al. Passively Q-switched 1.89μm fiber laser using a bulk-structured Bi_2Te_3 topological insulator. IEEE J Sel Top Quantum Electron, 2015, 21: 0900206.

[77] Lee J, Koo J, Jhon Y M, et al. Femtosecond harmonic mode-locking of a fiber laser based on a bulk-structured Bi_2Te_3 topological insulator. Opt Express, 2015, 23: 6359-6369.

[78] Sotor J, Sobon G, Macherzynski W, et al. Harmonically mode-locked Er-doped fiber laser based on a Sb_2Te_3 topological insulator saturable absorber. Laser Phys Lett, 2014, 11: 055102.

[79] Boguslawski J, Sotor J, Sobon G, et al. Mode-locked Er-doped fiber laser based on liquid phase exfoliated Sb_2Te_3 topological insulator. Laser Phys, 2014, 24: 105111.

[80] Sotor J, Sobon G, Macherzynski W, et al. Mode-locking in Er-doped fiber laser based on mechanically exfoliated Sb_2Te_3 saturable absorber. Opt Mater Express, 2014, 4: 1-6.

[81] Sotor J, Sobon G, Abramski K M. Sub-130fs mode-locked Er-doped fiber laser based on topological insulator. Opt Express, 2014, 22: 13244-13249.

[82] Yu H, Zhang H, Wang Y, et al. Topological insulator as an optical modulator for pulsed solid-state lasers. Laser Photon Rev, 2013, 7: L77-L83.

[83] Yan P, Lin R, Ruan S, et al. A 2.95GHz, femtosecond passive harmonic mode-locked fiber laser based on evanescent field interaction with topological insulator film. Opt Express, 2015, 23: 154-164.

[84] Luo A, Liu H, Zhao N, et al. Observation of three bound states from a topological insulator mode-locked soliton fiber laser. IEEE Photonics J, 2014, 6: 1501508.

[85] Hsieh D, Qian D, Wray L, et al. A topological Dirac insulator in a quantum spin Hall phase. Nature, 2008, 452: 970-975.

[86] Hasan M Z, Kane C L, et al. Colloquium: Topological insulators. Rev Mod Phys, 2010, 82: 3045-3067.

[87] Chen Y, Zhao C, Chen S, et al. Large energy, wavelength widely tunable, topological insulator Q-switched erbium-doped fiber laser. IEEE J Sel Top Quantum Electron, 2014, 20: 0900508.

[88] Moore J E. The birth of topological insulators. Nature, 2010, 464: 194-198.

[89] Qi X-L, Zhang S-C. Topological insulators and superconductors. Rev Mod Phys, 2011, 83: 1057-1110.

[90] Zhao C, Zhang H, Qi X, et al. Ultra-short pulse generation by a topological insulator based saturable absorber. Appl Phys Lett, 2012, 101: 211106.

[91] Zhang H, Liu C-X, Qi X-L, et al. Topological insulators in Bi_2Se_3, Bi_2Te_3 and Sb_2Te_3 with a single Dirac cone on the surface. Nat Photonics, 2009, 5: 438-442.

[92] Yan P, Lin R, Ruan S, et al. A practical topological insulator saturable absorber for mode-locked fiber laser. Sci Rep, 2015, 5: 8690.

[93] Luo Z, Huang Y, Zhong M, et al. 1, 1.5μm, and 2μm fiber lasers Q-switched by a broadband few-layer MoS_2 saturable absorber. J Lightwave Technol, 2014, 32: 4077-4084.

[94] Liu M, Zheng X, Qi Y, et al. Microfiber-based few-layer MoS_2 saturable absorber for 2.5GHz passively harmonic mode-locked fiber laser. Opt Express, 2014, 22: 22841-22846.

[95] Zhang H, Lu S, Zheng J, et al. Molybdenum disulfide (MoS_2) as a broadband saturable absorber for ultra-fast photonics. Opt Express, 2014, 22: 7249-7260.

[96] Du J, Wang Q, Jiang G, et al. Ytterbium-doped fiber laser passively mode locked by few-layer Molybdenum Disulfide (MoS_2) saturable absorber functioned with evanescent field interaction. Sci Rep, 2014, 4: 6346.

[97] Wang Y, Mao D, Gan X, et al. Harmonic mode locking of bound-state solitons fiber laser based on MoS_2 saturable absorber. Opt Express, 2015, 23: 205-210.

[98] Khazaeinezhad R, Kassani S H, Jeong H, et al. Mode-locked all-Fiber Lasers at both anomalous and normal dispersion regimes based on spin-coated MoS_2 nanosheets on a side-polished fiber. IEEE Photonics J, 2015, 7: 1500109.

[99] Yan P, Liu A, Chen Y, et al. Microfiber-based WS$_2$-film saturable absorber for ultra-fast photonics. Opt Mater Express, 2015, 3: 479-489.

[100] Mao D, Wang Y, Ma C, et al. WS$_2$ mode-locked ultrafast fiber laser. Sci Rep, 2015, 5: 7965.

[101] Lin Y-H, Lo J-Y, Tseng W-H, et al. Self-amplitude and self-phase modulation of the charcoal mode-locked erbium-doped fiber lasers. Opt Express, 2013, 21: 25184-25196.

[102] Lin Y-H, Chi Y-C, Lin G-R, et al. Nanoscale charcoal powder induced saturable absorption and mode-locking of a low-gain erbium-doped fiber-ring laser. Laser Phys Lett, 2013, 10: 055105.

[103] Lin Y-H, Yang C-Y, Lin S-F, et al. Triturating versatile carbon materials as saturable absorptive nano powders for ultrafast pulsating of erbium-doped fiber lasers. Opt Mater Express, 2015, 3: 236-253.

[104] Kang Z, Guo X, Jia Z, et al. Gold nanorods as saturable absorbers for all-fiber passively Q-switched erbium-doped fiber laser. Opt Express, 2013, 21: 1986-1992.

[105] Wang X, Luo Z, Liu H, et al. Microfiber-based gold nanorods as saturable absorber for femtosecond pulse generation in a fiber laser. Appl Phys Lett, 2014, 105: 161107.

[106] Jiang T, Qin G, Qin W, et al. Passively Q-switched erbium-doped fiber laser based on gold nanorods. Optik, 2014, 125: 5789-5793.

[107] Popa D, Sun Z, Torrisi F, et al. Sub 200fs pulse generation from a graphene mode-locked fiber laser. Appl Phys Lett, 2010, 97: 203106.

[108] Sun Z P, Popa D, Hasan T, et al. A stable, wideband tunable, near transform-limited, graphene-mode-locked, ultrafast laser. Nano Res, 2010, 3: 653-660.

[109] Woodward R I, Kelleher E J R, Runcorn T H, et al. Fiber grating compression of giant-chirped nanosecond pulses from an ultra-long nanotube mode-locked fiber laser. Opt Lett, 2015, 40: 387-390.

[110] Sun Z, Hasan T, Torrisi F, et al. Graphene mode-locked ultrafast laser. ACS Nano, 2010, 4: 803-810.

[111] Sun Z, Hasan T, Ferrari A C. Ultrafast lasers mode-locked by nanotubes and graphene. Physical E, 2014, 44: 1082-1091.

[112] Zhang H, Tang D Y, Zhao L M, et al. Large energy mode locking of an erbium-doped fiber laser with atomic layer graphene. Optics Express, 2009, 17: 17630-17635.

[113] Zhang H, Tang D, Wu X, et al. Multi-wavelength dissipative soliton operation

of an erbium-doped fiber laser. Opt Express, 2009, 17: 12692-12697.

[114] Li X, Tang Y, Yan Z, et al. Broadband saturable absorption of graphene oxide thin film and its application in pulsed fiber lasers. IEEE J Sel Top Quantum Electron, 2014, 20: 1101107.

[115] Yang Y, Loeblein M, S. H. Tsang, et al. Three-dimensional graphene based passively mode-locked fiber laser. Opt Express, 2014, 22: 31458-31465.

[116] Zhang H, Tang D Y, Zhao L M, et al. Compact graphene mode-locked wavelength-tunable erbium-doped fiber lasers from all anomalous dispersion to all normal dispersion. Laser Phys Lett, 2010, 7: 591-596.

[117] Bao Q, Zhang H, Yang J-x, et al. Graphene-polymer nanofiber embrane for ultrafast photonics. Adv Funct Mater, 2010, 20: 782-791.

[118] Zhang H, Tang D Y, Knize R J, et al. Graphene mode locked, wavelength-tunable, dissipative soliton fiber laser. Appl Phys Lett, 2010, 96: 111112.

[119] Mamidala V, Woodward R I, Yang Y, et al. Graphene-based passively mode-locked bidirectional fiber ring laser. Opt Express, 2014, 22: 4539-4546.

[120] Song Y F, Zhang H, Tang D Y, et al. Polarization rotation vector solitons in a graphene mode-locked fiber laser. Opt Express, 2012, 20: 27283-27289.

[121] SongY F, Li L, Tang D. Y, et al. Quasi-periodicity of vector solitons in a graphene mode-locked fiber laser. Laser Phys Lett, 2013, 10: 125103.

[122] Li X, Wang Y, Wang Y, et al. All-normal-dispersion passively mode-locked Yb-doped fiber ring laser based on a graphene oxide saturable absorber. Laser Phys Lett, 2013, 10: 075108.

[123] Zhao L M, Tang D Y, Zhang H, et al. Dissipative soliton operation of an ytterbium-doped fiber laser mode locked with atomic multilayer graphene. Opt Lett, 2010, 35: 3622-3624.

[124] Zhang M, Kelleher E J R, Torrisi F, et al. Tm-doped fiber laser mode-locked by graphene-polymer composite. Opt Express, 2012, 20: 25077-25084.

[125] Sobon G, Sotor J, Abramski K M. Passive harmonic mode-locking in Er-doped fiber laser based on graphene saturable absorber with repetition rates scalable to 2.22GHz. Appl Phys Lett, 2012, 100: 161109.

[126] Krzempek K, Sobon G, Kaczmarek P, et al. A sub-100fs stretched-pulse 205MHz repetition rate passively mode-locked Er-doped all-fiber laser. Laser Phys Lett, 2013, 10: 105103.

[127] Tarka J, Sobon G, Boguslawski J, et al. 168fs pulse generation from graphene-chitosan mode-locked fiber laser. Opt Mater Express, 2014, 4: 1981-1986.

[128] Sobon G, Sotor J, Pasternak I, et al. Thulium-doped all-fiber laser mode-locked

by CVD -graphene PMMA saturable absorber. Opt Express, 2013, 21: 127971-127976.

[129] Soton J, Sobor G, Pasternak I, et al. Simultaneous mode-locking at 1565nm and 1944nm in fiber laser based on common graphene saturable absorber. Opt Express, 2013, 21: 18994-19002.

[130] Sotor J, Sobon G, Tarka J, et al. Passive synchronization of erbium and thulium doped fiber mode-locked lasers enhanced by common graphene saturable absorber. Opt Express, 2014, 22: 5535-5543.

[131] Buczynski R, Sobon G, Sotor J, et al. Broadband infrared supercontinuum generation in a soft-glass photonic crystal fiber pumped with a sub-picosecond Er-doped fiber laser mode-locked by a graphene saturable absorber. Laser Phys, 2013, 23: 105106.

[132] Sobon G, Sotor J, Pasternak I, et al. A tunable linearly polarized Er-fiber laser mode-locked by graphene PMMA composite. Laser Phys, 2013, 23: 125101.

[133] Sotor J, Sobon G, Krzempek K, et al. Fundamental and harmonic mode-locking in erbium-doped fiber laser based on graphene saturable absorber. Opt Commun, 2012, 285: 3174-3178.

[134] Sobon G, Sotor J, Pasternak I, et al. Chirped pulse amplification of a femtosecond Er-doped fiber laser mode-locked by a graphene saturable absorber. Laser Phys Lett, 2013, 10: 035104.

[135] Martinez A, Yamashita S. 10GHz fundamental mode fiber laser using a graphene saturable absorber. Appl Phys Lett, 2012, 101: 041118.

[136] Martinez A, Fuse K, Yamashita S. Mechanical exfoliation of graphene for the passive mode-locking of fiber lasers. Appl Phys Lett, 2011, 99: 121107.

[137] Martinez A, Fuse K, Xu B, et al. Optical deposition of graphene and carbon nanotubes in a fiber ferrule for passive mode-locked lasing. Opt Express, 2010, 18: 23054-23061.

[138] Yamashita S, Martinez A, Xu B. Short pulse fiber lasers mode-locked by carbon nanotubes and graphene. Opt Fiber Technol, 2014, 20: 702-713.

[139] Liu S, Zhu X, Zhu G, et al. Graphene Q-switched Ho^{3+}-doped ZBLAN fiber laser at 1190nm. Opt Lett, 2015, 40: 147-150.

[140] Song Y-W, Jang S-Y, Han W-S, et al. Graphene mode-lockers for fiber lasers functioned with evanescent field interaction. Appl Phys Lett, 2010, 96: 051122.

[141] Lee J, Koo J, Debnath P, et al. A Q-switched, mode-locked fiber laser using a graphene oxide-based polarization sensitive saturable absorber. Laser Phys Lett,

2013, 10: 035103.

[142] Chang Y, Kim H, Lee J, et al. Multilayered graphene efficiently formed by mechanical exfoliation for nonlinear saturable absorbers in fiber mode-locked lasers. Appl Phys Lett, 2010, 97: 211102.

[143] Jung M, Koo J, Debnath P, et al. A mode-locked 1. 91μm fiber laser based on interaction between graphene oxide and evanescent field. Appl Phys Express, 2012, 5: 112702.

[144] Kim H, Cho J, Jang S-Y, et al. Deformation-immunized optical deposition of graphene for ultrafast pulsed lasers. Appl Phys Lett, 2011, 98: 021104.

[145] Choi S Y, Jeong H, Hong B H, et al. All-fiber dissipative soliton laser with 10. 2nJ pulse energy using an evanescent field interaction with graphene saturable absorber. Laser Phys Lett, 2013, 11: 015101.

[146] Choi S Y, Cho D K, Song Y-W, et al. Graphene-filled hollow optical fiber saturable absorber for efficient soliton fiber laser mode-locking. Opt Express, 2012, 20: 5652-5657.

[147] Ahmad H, Muhammad F D, Zulkifli M Z, et al. Graphene-based mode-locked, spectrum tunable fiber laser using Mach Zehnder filter. IEEE Photonics J, 2013, 5: 1501709.

[148] Ahmad H, Thambiratnam K, Muhammad F D, et al. Q-switching and mode-locking in highly doped Zr_2O_3-Al_2O_3-Er_2O_3-doped fiber lasers using graphene as a saturable absorber. IEEE J Sel Top Quantum Electron, 2014, 20: 1100108.

[149] Zen D I M, Saidin N, Damanhuri S S A, et al. Mode-locked thulium-bismuth codoped fiber laser using graphene saturable absorber in ring cavity. Appl Optics, 2013, 52: 1226-1229.

[150] Saidin N, Zen D I M, Hamida B A, et al. A Q-switched thulium-doped fiber laser with a graphene thin film based saturable absorber. Laser Phys, 2013, 23: 115102.

[151] Meng Y, Niang A, Guesmi K, et al. 1. 61μm high-order passive harmonic mode locking in a fiber laser based on graphene saturable absorber. Opt Express, 2014, 22: 29921-29926.

[152] Mou C, Arif R, Lobach A S, et al. Poor fluorinated graphene sheets carboxymethylcellulose polymer composite mode locker for erbium doped fiber laser. Appl Phys Lett, 2015, 106: 061106.

[153] Liu L, Hattori H T, Mironov E G, et al. Composite chromium and graphene oxide as saturable absorber in ytterbium-doped Q-switched fiber lasers. Appl Optics, 2014, 53: 1173-1180.

[154] Martinez A, Sun Z. Nanotube and graphene saturable absorbers for fibre lasers. Nat Photonics, 2013, 7: 842-845.

[155] Xu J, Liu J, Wu S D, et al. Graphene oxide mode-locked femtosecond erbium-doped fiber lasers. Opt Express, 2012, 20: 15474-15480.

[156] Liu J, Wu S, Xu J, et al. Mode-locked 2μm thulium-doped fiber laser with graphene oxide saturable absorber. Conference on Lasers and Electro-Optics (CLEO), 2012, JW2A. 76.

[157] Xu J, Wu S D, Liu J, et al. Nanosecond-pulsed erbium-doped fiber lasers with graphene saturable absorber. Opt Commun, 2012, 285: 4466-4469.

[158] Xia H, Lin H, Wang Z, et al. Nanosecond pulse generation in a graphene mode-locked erbium-doped fiber laser. Opt Commun, 2014, 330: 147-150.

[159] Liu J, Wu S D, Yang Q H, et al. Stable nanosecond pulse generation from a graphene-based passively Q-switched Yb-doped fiber laser. Opt Lett, 2011, 36: 4008-4010.

[160] Liu J, Xu J, and Wang P. Graphene-based passively Q-switched 2μm thulium-doped fiber laser. Opt Commun, 2012, 285: 5319-5322.

[161] Liu J, Wu S, Yang Q, et al. 163nJ Graphene mode-locked Yb-doped fiber laser. Conference on Lasers and Electro-Optics (CLEO), 2011, JWA23.

[162] Xu J, Wu S, Liu J, et al. All-polarization-maintaining femtosecond fiber lasers using graphene oxide saturable absorber. IEEE Photonics Technol Lett, 2014, 26: 1474-1477.

[163] Xu J, Wu S, Liu J, et al. Femtosecond Er-doped Fiber Lasers Mode-locked with Graphene Oxide Saturable Absorber. Conference on Lasers and Electro-Optics (CLEO), 2012, JW2A. 79.

[164] Yu Z, Song Y, Dong X, et al. Watt-level passively Q-switched double-cladding fiber laser based on graphene oxide saturable absorber. Appl Optics, 2013, 52: 7127-7131.

[165] Huang Y, Luo Z, Liu C, et al. 2-μm wavelength all-fiber Q-switched double-clad fiber laser using monopiece single-layer chemical-vapor-deposition graphene. Opt Eng, 2014, 53: 106103.

[166] Luo Z, Zhou M, Weng J, et al. Graphene-based passively Q-switched dual-wavelength erbium-doped fiber laser. Opt Lett, 2010, 35: 3709-3711.

[167] Luo Z, Wang J, Zhou M, et al. Multiwavelength mode-locked erbium-doped fiber laser based on the interaction of graphene and fiber-taper evanescent field. Laser Phys Lett, 2012, 9: 229-233.

[168] Luo Z, Huang Y, Wang J, et al. multiwavelength dissipative-soliton generation

in Yb-fiber laser using graphene-deposited fiber-taper. IEEE Photonics Technol Lett, 2012, 24: 1539-1542.

[169] Wang J, Luo Z, Zhou M, et al. Evanescent-light deposition of graphene onto tapered fibers for passive Q-switch and mode-locker. IEEE Photonics J, 2012, 4: 1295-1305.

[170] Luo Z, Zhou M, Wu D, et al. Graphene-induced nonlinear Four-Wave-Mixing and its application to multiwavelength Q-switched rare-earth-doped fiber lasers. J Lightwave Technol, 2011, 29: 2732-2739.

[171] Wu D, Luo Z, Xiong F, et al. Passive synchronization of 1.06- and 1.53-μm fiber lasers Q-switched by a common graphene SA. IEEE Photonics Technol Lett, 2014, 26: 1474-1477.

[172] Lin R, Wang Y, Yan P, et al. Bright and dark square pulses generated from a graphene-oxide mode-locked ytterbium-doped fiber laser. IEEE Photonics J, 2014, 6: 1500908.

[173] Huang S, Wang Y, Yan P, et al. Tunable and switchable multi-wavelength dissipative soliton generation in a graphene oxide mode-locked Yb-doped fiber laser. Opt Express, 2014, 22: 11417-11426.

[174] Huang S, Wang Y, Yan P, et al. Observation of multipulse bunches in a graphene oxide passively mode-locked ytterbium-doped fiber laser with all-normal dispersion. Appl Phys B-Lasers Opt, 2014: 116: 939-946.

[175] Huang S, Wang Y, Yan P, et al. Soliton rains in a graphene-oxide passively mode-locked ytterbium-doped fiber laser with all-normal dispersion. Laser Phys Lett, 2014, 11: 025102.

[176] Li H, Wang Y, Yan P, et al. Passively harmonic mode locking in ytterbium-doped fiber laser with graphene oxide saturabl e absorber. Opt Eng, 2013, 52: 126102.

[177] Cui Y, Liu X. Graphene and nanotube mode-locked fiber laser emitting dissipative and conventional solitons. Opt Express, 2013, 21: 18969-18974.

[178] Cui Y, Liu X, Zeng C. Conventional and dissipative solitons in a CFBG-based fiber laser mode-locked with a graphene-nanotube mixture. Laser Phys Lett, 2014, 11: 055106.

[179] Chen Y, Zhao C, Wang Z, et al. Erbium-doped fiber laser passively mode-locked by a position-adjustable graphene saturable absorber. Opt Eng, 2012, 51: 084203.

[180] Wang Z, Zhu S E, Chen Y, et al. Multilayer graphene for Q-switched mode-locking operation in an erbium-doped fiber laser. Opt Commun, 2013, 300: 17-21.

[181] Gui L, Zhang W, Li X, et al. Self-assembled graphene membrane as an ultrafast mode-locker in an erbium fiber laser. IEEE Photonics Technol Lett, 2011, 23: 1790-1792.

[182] Gui L, Li X, Xiao X, et al. Widely-spaced bound states in a soliton fiber laser with graphene saturable absorber. IEEE Photonics Technol Lett, 2013, 25: 1184-1187.

[183] Ye N, Pan Z, Yang F, et al. 7-GHz high-repetition-rate mode-locked pulse generation using short-cavity phosphate glass fiber laser. Laser Phys, 2012, 22: 1247-1251.

[184] Lei Z, Wang G, Hu J, et al. Linearly polarized 1180-nm Raman fiber laser mode locked by graphene. IEEE Photonics J, 2012, 4: 1809-1815.

[185] Zhang L, Fan J T, Wang J H, et al. Graphene incorporated Q-switching of a polarization-maintaining Yb-doped fiber laser. Laser Phys Lett, 2012, 9: 888.

[186] Liu Z-B, He X, and Wang D N. Passively mode-locked fiber laser based on a hollow-core photonic crystal fiber filled with few-layered graphene oxide solution. Opt Lett, 2011, 36: 3024-3026.

[187] He X, Liu Z-B, Wang D, et al. Passively mode-locked fiber laser based on reduced graphene oxide on microfiber for ultra-wide-band doublet pulse generation. J Lightwave Technol, 2012, 30: 984-989.

[188] He X, Liu Z-B, D. N. Wang. Wavelength-tunable, passively mode-locked fiber laser based on graphene and chirped fiber Bragg grating. J Lightwave Technol, 2012, 30: 984-989.

[189] Kuo H-H, Huang P L, Yeh C-Y, et al. Few-layer graphene-based saturable absorbers employing mica dispersant for fiber lasers. IEEE Photonics Technol Lett, 2013, 25: 633-636.

[190] Yang C-Y, Wu C-L, Lin Y-H, et al. Fabricating graphite nano-sheet powder by slow electrochemical exfoliation of large-scale graphite foil as a mode-locker for fiber lasers. Opt Express, 2013, 21: 1893-1905.

[191] Lin Y-H, Lin G-R. Kelly sideband variation and self four-wave-mixing in femtosecond fiber soliton laser mode-locked by multiple exfoliated graphite nano-particles. Laser Phys Lett, 2013, 10: 045109.

[192] Huang P L, Lin S-C, Yeh C-Y, et al. Stable mode-locked fiber laser based on CVD fabricated graphene saturable absorber. Opt Express, 2012, 20: 2460-2465.

[193] Chen H-R, Tsai C-Y, Cheng H-M, et al. Passive mode locking of ytterbium- and erbium-doped all-fiber lasers using graphene oxide saturable absorbers. Opt

Express, 2014, 22: 12880-12889.

[194] Cao W J, Wang H Y, Luo A P, et al. Graphene-based, 50nm wide-band tunable passively Q-switched fiber laser. Laser Phys Lett, 2012, 9: 54-58.

[195] Zhu P, Lin Z, Ning Q, et al. Passive harmonic mode-locking in a fiber laser by using a microfiber-based graphene saturable absorber. Laser Phys Lett, 2013, 10: 105107.

[196] Zhao N, Luo Z, Liu H, et al. Trapping of soliton molecule in a graphene-based mode-locked ytterbium-doped fiber laser. IEEE Photonics Technol Lett, 2014, 26: 2450-2453.

[197] Meng Y, Zhang S, Li X, et al. Multiple-soliton dynamic patterns in a graphene mode-locked fiber laser. Opt Express, 2012, 20: 6685-6692.

[198] Han M, Zhang S, Li X, et al. Polarization dynamic patterns of vector solitons in a graphene mode-locked fiber laser. Opt Express, 2015, 23: 2424-2435.

[199] Du J, Zhang S M, Li H F, et al. L-band passively harmonic mode-locked fiber laser based on a graphene saturable absorber. Laser Phys Lett, 2012, 9: 896-900.

[200] Lu B, C H, Jiang M, et al. Graphene-based passive Q-switching for a 2μm thulium-doped fiber laser. Laser Phys, 2013, 23: 045111.

[201] Jiang M, Ma H, Ren Z, et al. A graphene Q-switched nanosecond Tm-doped fiber laser at 2μm. Laser Phys Lett, 2013, 10: 055103.

[202] Sheng Q, Feng M, Xin W, et al. Actively manipulation of operation states in passively pulsed fiber lasers by using graphene saturable absorber on microfiber. Opt Express, 2013, 21: 14859-14866.

[203] Wu K, Li X, Wang Y, et al. Towards low timing phase noise operation in fiber lasers mode locked by graphene oxide and carbon nanotubes at 1.5μm. Opt Express, 2015, 23: 501-511.

[204] Gao L, Zhu T, Liu M, et al. Cross-phase modulation instability in mode-locked laser based on reduced graphene oxide. IEEE Photonics Technol Lett, 2015, 27: 38-41.

[205] Tan W D, Su C Y, Knize R J, et al. Mode locking of ceramic Nd: yttrium aluminum garnet with graphene as a saturable absorber. Appl Phys Lett, 2010, 96: 031106

[206] Mary R, Brown G, Beecher S J., et al. 1.5GHz picosecond pulse generation from a monolithic waveguide laser with a graphene-film saturable output coupler. Opt Express, 2013, 21: 7943-7950.

[207] Zaugg C A, Sun Z, Wittwer V J, et al. Ultrafast and widely tuneable vertical-

external-cavity surface-emitting laser, mode-locked by a graphene-integrated distributed Bragg reflector. Opt Express, 2013, 21: 31584-31595.

[208] Wang Q, Teng H, Zou Y, et al. Graphene on SiC as a Q-switcher for a $2\mu m$ laser. Opt Lett, 2012, 37: 395-397.

[209] Ma J, Xie G, Lv P, et al. Graphene mode-locked femtosecond laser at $2\mu m$ wavelength. Opt Lett, 2012, 37: 2085-2087.

[210] Gao C, Wang R, Zhu L, et al. Resonantly pumped 1.645μm high repetition rate Er: YAG laser Q-switched by a graphene as a saturable absorber. Opt Lett, 2012, 37: 632-634.

[211] Xu J L, Li X, Wu Y, et al. Graphene saturable absorber mirror for ultra-fast-pulse solid-state laser. Opt Lett, 2011, 36: 1948-1950.

[212] Jiang M, Ren Z, Zhang Y, et al. Graphene-based passively Q-switched diode-side-pumped Nd: YAG solid laser. Opt Commun, 2011, 284: 5353-5356.

[213] Baek I H, Lee H W, Bae S, et al. Efficient mode-locking of sub-70-fs Ti: sapphire laser by graphene saturable absorber. Appl Phys Express, 2012, 5: 032701.

[214] Cizmeciyan M N, Kim J W, Bae S, et al. Graphene mode-locked femtosecond Cr: ZnSe laser at 2500nm. Opt Lett, 2013, 38: 341-343.

[215] Wei C, Zhu X, Wang F, et al. Graphene Q-switched 2.78μm Er^{3+}-doped fluoride fiber laser. Opt Lett, 2013, 38: 3233-3236.

[216] Novoselov K S, Geim A K, Morozov S V, et al. Electric field effect in atomically thin carbon films. Science, 2004, 306: 666-669.

[217] Geim A K, Novoselov K S. The rise of graphene. Nat Mater, 2007, 6: 183-191.

[218] Novoselov K S, Fal'ko V I, Colombo L, et al. A roadmap for graphene. Nature, 2012, 490: 192-200.

[219] Geim A K. Graphene: status and prospects. Science, 2009, 324: 1530-1534.

[220] Bonaccorso F, Sun Z, Hasan T, et al. Graphene photonics and optoelectronics. Nat Photonics, 2010, 4: 611-622.

[221] Bolotina K I, Sikes K J, Jiang Z, et al. Ultrahigh electron mobility in suspended graphene. Solid State Commun 2008, 146: 351-355.

[222] Balandin A A, Ghosh S, Bao W, et al. Superior thermal conductivity of single-layer graphene. Nano Lett, 2008, 8: 902-907.

[223] Kim K S, Zhao Y, Jang H, et al. Large-scale pattern growth of graphene films for stretchable transparent electrodes. Nature, 2009, 457: 706-710.

[224] Nair R R, Blake P, Grigorenko A N, et al. Fine structure constant defines

visual transparency of graphene. Science, 2008, 320: 1308.

[225] Li X, Cai W, An J, et al. Large-area synthesis of high-quality and uniform graphene films on copper foils. Science, 2009, 324: 1312-1314.

[226] Hirata M, Gotou T, Horiuchi S, et al. Thin-film particles of graphite oxide 1: high-yield synthesis and flexibility of the particles. Carbon, 2004, 42: 2929-2937.

[227] Choucair M, Thordarson P, Stride J A. Gram-scale production of graphene based on solvothermal synthesis and sonication. Nat Nanotechnol, 2009, 4: 30-33.

[228] Berger C, Song Z, Li X, et al. Electronic confinement and coherence in patterned epitaxial graphene. Science, 2006, 312: 1191-1196.

[229] Jiao L, Zhang L, Wang X, et al. Narrow graphene nanoribbons from carbon nanotubes. Nature, 2009, 458: 877-880.

[230] Ando Y, Zhao X, Ohkohchi M. Production of petal-like graphite sheets by hydrogen arc discharge. Carbon, 1997, 25: 153158.

[231] Cai J, Ruffieux P, Jaafar R, et al. Atomically precise bottom-up fabrication of graphene nanoribbons. Nature, 2010, 466: 470-473.

[232] Li X, Zhang G, Bai X, et al. Highly conducting graphene sheets and langmuir-blodgett films. Nat Nanotechnol, 2008, 3: 538-542.

[233] Dato A, Radmilovic V, Lee Z, et al. Substrate-free gas-phase synthesis of graphene sheets. Nano Lett, 2008, 8: 2012-2016.

[234] Li Z, Zhu H, Xie D, et al. Flame synthesis of few-layered/graphite films. Chem Commun, 2011, 47: 3520-3522.

[235] Kempaiah R, Chung A, Maheshwari V. Graphene as cellular interface: electromechanical coupling with cells. ACS Nano, 2011, 5: 6025-6031.

[236] Schedin F, Geim A K, Morozov S V, et al. Detection of individual gas molecules adsorbed on graphene. Nat Mater, 2007, 6: 652-655.

[237] Wen Y, Peng C, Li D, et al. Metal ion-modulated graphene-DNAzyme interactions: design of a nanoprobe for fluorescent detection of lead(II) ions with high sensitivity, selectivity and tunable dynamic range. Chem Commun, 2011, 47: 6278-6280.

[238] Jeong H M, Lee J W, Shin W H, et al. Nitrogen-doped graphene for high-performance ultracapacitors and the importance of nitrogen-doped sites at basal planes. Nano Lett, 2011, 11: 2472-2477.

[239] Hong W, Xu Y, Lu G, et al. Transparent graphene/pedot-pss composite films as counter electrodes of dye-sensitized solar cells. Electrochem commun, 2008,

　　　　　　10：1555-1558.

[240]　Dawlaty J M, Shivaraman S, Chandrashekhar M, et al. Measurement of ultrafast carrier dynamics in epitaxial graphene. Appl Phys Lett, 2008, 92：042116.

[241]　Kumar S, Anija M, Kamaraju N, et al. Femtosecond carrier dynamics and saturable absorption in graphene suspensions. Appl Phys Lett, 2009, 95：191911.

[242]　Wang J, Chen Y, Blau W J. Carbon nanotubes and nanotube composites for nonlinear optical devices. Journal of Materials Chemistry, 2009, 19：7425-7443.

[243]　Yamashita S. Carbon-nanotube and graphene photonics. Optical Fiber Communication Conference, 2011, OThL1.

[244]　Garmire E. Resonant optical nonlinearities in semiconductors. IEEE J Sel Top Quantum Electron, 2000, 6：1094-1110.

[245]　Agrawal G P. Nonlinear fiber optics. 4th ed. 2007, Boston：Academic Press.

[246]　Zaviyalov A, Iliew R, Egorov O, et al. Lumped versus distributed description of mode-locked fiber lasers. J Opt Soc Am B, 2010, 27：2313-2321.

[247]　Kelly S M J. Characteristic sideband instability of periodically amplified average soliton. Electron Lett, 1992, 28：806-807.

[248]　Hummers Jr W, Offeman R. Preparation of graphitic oxide. J Am Chem Soc, 1958, 80：1339.

[249]　X. Li, Liu X, Hu X, et al. Long-cavity passively mode-locked fiber ring laser with high-energy rectangular-shape pulses in anomalous dispersion regime. Opt Lett, 2010, 35：3249-3251.

[250]　X. Zhang, Gu C, Chen G, et al. Square-wave pulse with ultra-wide tuning range in a passively mode-locked fiber laser. Opt Lett, 2012, 37：1334-1336.

[251]　Ferrari A C, Basko D M. Raman spectroscopy as a versatile tool for studying the properties of graphene. Nat Nanotechnol, 2013, 8：235-246.

[252]　Kieu K, Wise F W. Soliton thulium-doped fiber laser with carbon nanotube saturable absorber. IEEE Photonics Technol Lett, 2009, 21：128-130.

[253]　Wang F, Jiang Z, Hasan T, et al. Double-wall carbon nanotube Q-switched and mode-locked two-micron fiber lasers. Conference on Lasers and Electro-Optics (CLEO), 2012, CF1N. 4.

[254]　Wienke A, Haxsen F, Wandt D, et al. Ultrafast, stretched-pulse thulium-doped fiber laser with a fiber-based dispersion management. Opt Lett, 2012, 37：2466-2468.

[255] Kelleher E J R, Travers J C, Sun Z, et al. Nanosecond-pulse fiber lasers mode-locked with nanotubes. Appl Phys Lett, 2009, 95: 111108.

[256] Kelleher E J R, Travers J C, Ippen E P, et al. Generation and direct measurement of giant chirp in a passively mode-locked laser. Opt Lett, 2009, 34: 3526-3528.

[257] Sun Z, Rozhin A G, Wang F, et al. A compact, high power, ultrafast laser mode-locked by carbon nanotubes. Appl Phys Lett, 2009, 95: 253102.

[258] Pedersen M E V, Kelleher E J R, Travers J C, et al. Stable gain-guided soliton propagation in a polarized Yb-doped mode-locked fiber laser. IEEE Photonics J, 2012, 4: 1058-1064.